巽 好幸

富士山大噴火と阿蘇山大爆発

GS

幻冬舎新書

419

まえがき

富士山がざわついている。

２０１３年にユネスコ世界文化遺産に登録されたことが、ブームに火をつけたようだ。富士山は、古代より日本人の精神性の象徴であり続けた。その山が世界的な文化遺産として認められたのは、至極当然かつ、喜ばしいことである。

その一方で、１００億円を超えるとも言われる経済効果にばかり関心が向くのは、あまりにも品がない。文化遺産と観光資源を混同するようでは、それこそ富士山に面目ないのではないだろうか。

おそらくもう一つ、富士山が世間を騒がせる理由がある。それはこの山が、いつ噴火してもおかしくない、バリバリの「活火山」であることだ。

富士山は、１７０７年（宝永４年）の宝永噴火を最後に、３００年以上も沈黙を続けている。

長い静寂の後には大噴火が起こるものだという考えは、科学的にもある程度の根拠がある。しかも、富士山がひとたび噴火すれば、首都東京は相当に混乱する可能性がある。何より、あの美しい姿が大爆発で失われるかもしれない哀しさ、「うつろいゆくものへの寂しさ」は古来日本人特有の情感だろう。

だからこそ、これまで幾度となく富士山噴火の「予言」が行われ、その度に人々は動揺してきた。

最も人騒がせな予言は、１９８２年に出版された『富士山大爆発』だろう。

著者が「専門家」（元気象庁予報官。本の背表紙には「気象学の権威」と紹介）のごとき印象を与えたこと、予言が翌年の９月という切迫感があったことなどで、世間は騒然とした。

しかしこの予言は、台風のような巨大低気圧が富士山上空にやってきてマグマが吸い上げられて噴火に至るという、荒唐無稽な話だった。当然ではあるが、富士山では何事も起こらなかった。

ただ偶然にも、１９８３年には三宅島が噴火、その後１９８６年に伊豆大島、１９８９年に伊東沖手石海丘《ていしかいきゅう》と噴火が続いた。しかもその場所がだんだんと北上していたので、次は富士山だと予言する別の専門家も現れた。もちろんこんな予言にも科学的な根拠はない。

そして2011年に、あの忌まわしき3・11が起きてしまった。

このような超巨大海溝型地震は、列島の地盤に働く力を大きく変化させてしまう。その結果、火山の噴火の元となる、地下にあるマグマに異変が起きても、不思議ではない。

そして3・11の4日後、3月15日に富士山直下14キロの深さでM6・4の地震が発生した。さらに、その後の余震域が山頂の直下5キロにまで上昇したのである。

気象庁が「静岡県東部地震」と名付けたために、多くの人は3・11に関連する地震くらいにしか認識しなかったが、火山学者の中には富士山の噴火を覚悟した者も多かった。幸いにも、その後の調査でマグマの上昇を示すデータは得られていない。

異変が起きたのは富士山だけではない。3・11以降、日本各地の火山で「火山性地震」が観測された。桜島は頻繁に噴火を繰り返し、西之島では海底火山が噴火して新島が誕生した。さらに、かつては「死火山」とされていた御嶽山の水蒸気爆発では、戦後の火山災害としては最悪の50名を超す犠牲者が出た。また、阿蘇山でも噴煙が上がり、口永良部島では噴火直後に全島避難となった。

こんな状況になってから、火山、特に富士山の噴火にまつわる書籍が、次々と世に送り出されている。ざっと見回しても20冊は超えているだろうか。

著者の顔ぶれは多様だ。軍事ジャーナリスト、絵本作家、ＳＦ作家、それにもちろん「専門家」。さらに週刊誌やネットでは内外の予言者までもが加わり、さながら百家争鳴である。

当然、テレビも富士山噴火を頻繁に取り上げる。人気タレントやジャーナリストがＭＣとなり、まるで見てきたかのような噴火のＣＧが流れる。

このようなショッキングな映像や予言によって、富士山噴火への恐怖心はさらに掻き立てられる。いわゆる「利用可能性バイアス」である。

しかし面倒なことに人々は「正常性バイアス」にも陥りやすい。危険が差し迫っているにもかかわらず、それを危機的状況とは考えたくない、もしくは自分だけは大丈夫という、根拠のない確信を持ってしまうのだ。

こういった、迷える人たちを正しく導くのが「専門家」の役割であるはずだ。ところが現実には、似非《えせ》専門家も多いために、状況はますます悪くなる。

この責任の一端は、そんな輩を担ぎ出すマスコミにある。視聴率や販売数を真っ先に考えるのではなく、信頼に足る情報を提供するという本来の使命を自覚すべきであろう。

ではどのようにして本物と偽物を見極めれば良いのだろうか？

一つの目安は学会（学界）の評価である。ただし、何とか学会に所属しているとか学会で発表したなどという、よく似非科学者がちらつかせる情報でその人を信じてはいけない。学会に入ることなどいたって簡単だし、学会の目玉となる招待講演ならともかく、たんに発表するだけなら大学院生にもできる。

見極めるためには、ネットの「グーグル・スカラー」を使う手がある。その人が書いた論文がどの程度他の論文に引用されているか、つまりその人の論文が学界でどれくらい注目されているかを調べることができる。例えば学会賞を受賞している論文などであれば、それなりに評価されていると思ってもよいだろう。

重要な論文は英語で書くことが多いので、検索するには名前をローマ字で入れる方が良い。もちろん分野によって状況は違うが、いくつかの論文の被引用数の合計が軽く3桁に届くようであれば、それなりの研究者と考えてよい。

もう一つは、その人が自説を週刊誌やテレビ、本だけでなく、きちんと論文として発表しているかどうかである。

どこぞのお姉さんのように、超一流と言われる雑誌に論文が掲載されても、いい加減な場合もある。しかし、意地悪な査読者（レフリー）を納得させて自説を世に問うという、研究者として最低の責務すら果たしていない人の言うことは、信じない方が無難だ。

さて私がこの本を書くつもりになったのは、富士山、そして日本列島の火山について、本当に大切なことが、十分には理解されていないと感じるからだ。

こんな思いで原稿に向き合っている時に九州が揺れた。熊本から大分に延びる断層帯がずれて、最大震度7の前震・本震、それに余震という言葉が不適切なほどの地震が頻発している。そしてこの断層帯の真上には、日本列島で最も活動的な火山である阿蘇山があり、この山が地震発生直後に小爆発を起こした。

3・11であれほどまでに私たちを打ちのめしたにもかかわらず、日本列島はまた変動帯の民に試練を与えるとでもいうのだろうか？

荒ぶる大地は地震のみならず、阿蘇山の噴火も引き起こすのではないかという懸念もあるだろう。しかも、日本有数の巨大火山である阿蘇山がひとたび噴火すれば、富士山よりも遥かに甚大な被害を及ぼす可能性があるのだ。

このような時であるからこそ、火山のこと、そして私たちが暮らす日本列島のことをきちんと知っておいていただきたい。

さあそれでは、「専門家」による火山の話を始めましょうか！

富士山大噴火と阿蘇山大爆発／目次

第2章　富士山は噴火するのか？　59

DTP 美創

第1章 日本列島は活動期に入ったのか？

そもそも「活動期」ってなに?

人は、「異変」とか「異常事態」という言葉に反応しやすいものだ。

テレビの番組表や電車の中吊り広告でこういう単語を見かけると、視聴率稼ぎや販売数拡大に付き合わされているだけとわかっていても、ついつい見てしまう。

身近な日本列島のこととなると、なおさらである。震災の惨状や噴き上がる噴煙の映像を見せつけられると、大いに不安になる。

3・11以降目立つのが、日本列島が「活動期」に入ったとする見方だ。大地動乱時代、変動期などと呼ばれることもある。こういう見方は、世界有数の地震・火山大国で暮らしながら、あまりにも無防備な国家や国民に対する、警告の効果は確かにあるだろう。

しかしマスコミや専門家の最も大切な役目は、事実を正確に人々に伝えることである。

ここでは、日本列島の活動期についての事実関係を、科学的に検証することにしよう。

当然のことだが、活動期という見方が成り立つには、静穏期が必要である。そしてこれらが交互に繰り返す。つまり、地震や火山の活動がその前後より際立つ期間が活動期である。

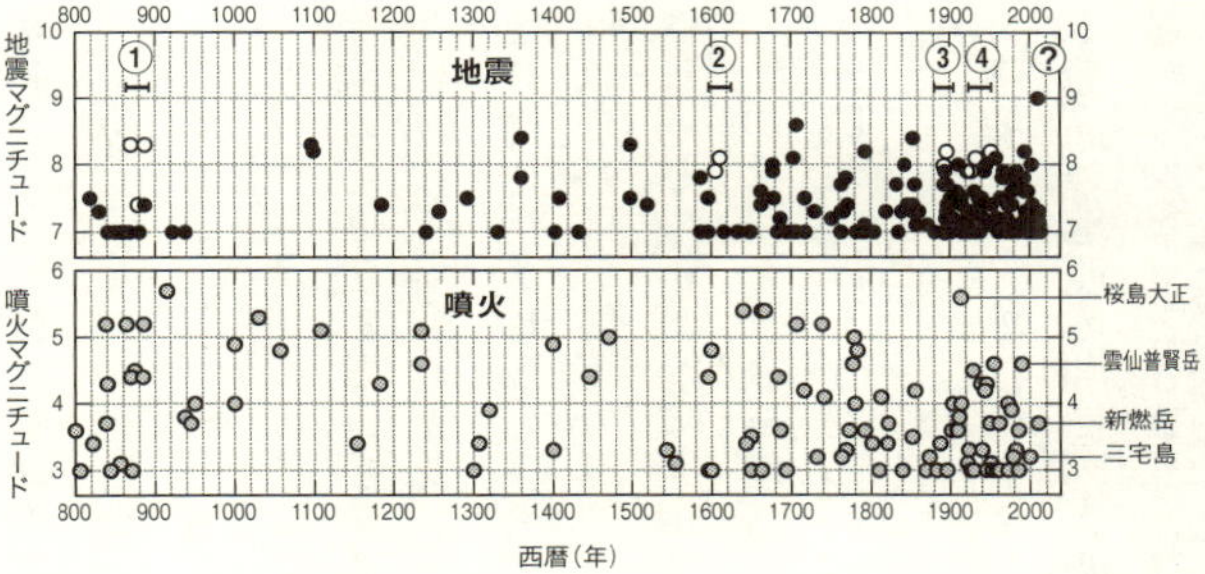

［図1-1］日本列島における西暦800年以降に発生した、M7以上の地震と、M3以上の噴火。データは、宇津（2004）（http://iisee.kenken.go.jp/utsu/）と早川（http://www.hayakawayukio.jp/database/）に基づく。①～④は、提案された地震活動期。

ここでくせ者なのが、「際立つ」ということだ。

内閣官房参与も務め、テレビでも軽妙な関西弁で持論を展開する某大学教授は、ある雑誌で日本列島の過去の地震活動期を4つ挙げている（図1―1）。

そしてこれらの活動期では、東日本（日本海溝）、首都圏（相模トラフおよび直下型）、西日本（南海トラフ）で大地震が発生した（図の白丸印）と指摘し、3・11が日本海溝で発生したことで、日本列島は再び活動期に入ったと述べている。

しかしこれをもって活動期と認定するのは、大いに疑問である。

まず、日本海溝、相模トラフ、南海トラフで海溝型巨大地震が連動する根拠が示されていない。

もちろん2つの地震が連続して起きることはある。例えば、江戸時代後期の1854年(嘉永7年)12月23日午前9時過ぎに、東海沖を震源とするマグニチュード(M)8・4の巨大地震が発生した。駿河湾西部から甲府盆地にかけて最大震度7の激震が走り、房総半島から四国に及ぶ広い範囲に津波が押し寄せた。

その31時間後、今度は紀伊半島から四国沖を震源とする地震が発生する。この地震もM8・4の巨大地震であった。この2つの地震は併せて安政地震と呼ばれる。「安政」と呼ばれるのは、前年のペリー黒船来航やこの地震などの影響で年号が嘉永から安政へと改元され、この年が安政元年に当たるからである。

この2つの地震は南海トラフ連動型地震として解釈されることが多い。東海沖でプレートが跳ね上がったために、さらに西の南海トラフ沿いで巨大地震が引き起こされたという説だ。

南海トラフでは確かにこのような連動現象が起こった。しかし、南海トラフの地震と日本海溝の地震の間に因果関係があるかどうかは、まだよく解っていない。後で詳しく述べるが、少なくとも3・11は南海トラフ域の歪《ゆが》みの状態に大きな影響は与えていないようである。

また日本列島では海溝型地震の他にも、阪神・淡路大震災を引き起こしたような内陸型（直下型）地震も頻発することを忘れてはならない。

つまり、少なくとも図のすべての地震（M7以上）を考慮することが必要となる。そうすると、一体どこを活動期と認識すればいいのかわからなくなる。

この図をシンプルに解釈すれば、日本列島はいつでも活発に地震が起こっているということになるだろう。

同様のことは火山噴火についても言える。再び図1-1を見ていただこう。

この図では噴火の規模を表す尺度として「噴火マグニチュード」を使っている。火山の噴火も、地震と同じようにマグニチュードという名前の尺度を使うのだが、もちろんその中身は違う。

後に詳しく述べることにするが、およその感じを知っていただくために、比較的最近起こった噴火のマグニチュードを図に示した。

２０１１年の霧島山新燃岳がM３・7、火砕流の発生や火山ガスの大量放出で全島避難となった２０００年の三宅島噴火がM３・２、溶岩ドームが崩壊して火砕流が発生し43名の死者・行方不明者を出した1991年の雲仙普賢岳噴火がM4・6、桜島を大隅半島と地続きにした桜島大正噴火がM5・6である。

この図から明らかなように、日本列島ではいつもどこかで火山が火を噴いている。だから、さしたる根拠もなく、ある特定の事例を取り上げてそれらを強調し、「活動期」という言葉で人々の不安を煽る手法に騙されてはならない。

平安時代に起こった、富士山貞観噴火

また最近よく耳にするのが、日本列島が平安時代以来、およそ1000年ぶりの活動期に入ったとする見解である。火山学や地球科学の面白さを大いに世に広めている京大の名物教授を始め、幾人かの専門家もこの説を唱えている。流石《さすが》にその影響は絶大だ。ちょっとググってみても、多くのブロガーたちがこの見解をためらいなく受け入れている。

さて、この平安活動期の再来という話は本当なのだろうか？

まずは平安時代の異変を振り返ってみよう（図1-2）。

8世紀の最後の年に、富士山が火を噴いた。平安大地動乱期の幕開け、いわゆる延暦噴火である。この噴火は、霊峰の北東側斜面4合目（西小富士）付近と北西山麓天神山周辺

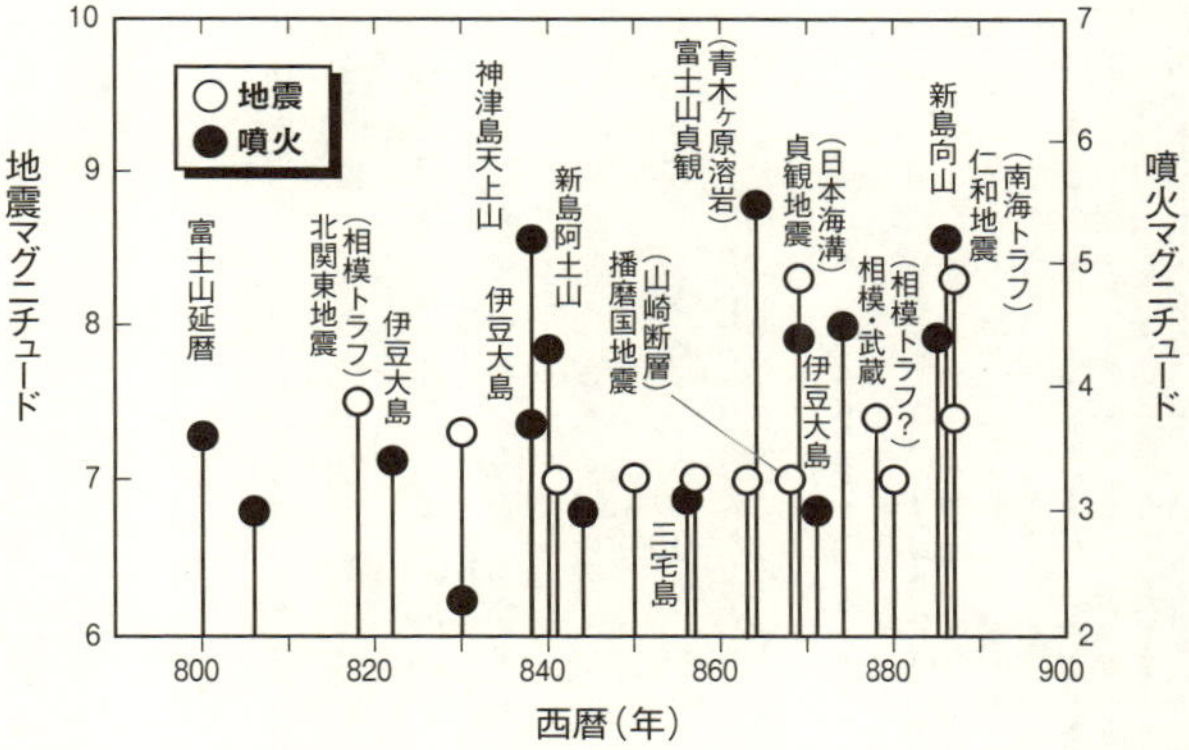

［図1-2］平安大地動乱期に日本列島で起きた地震と火山噴火。データは図1-1と同じ出典。

に開口した割れ目からマグマを噴き上げ、北麓を中心に火山灰を降らせた。また、西小富士の割れ目から出た溶岩流は山中湖をかすめて10キロ以上も流れた。

古文書によると、噴火以前は富士山の北麓を通っていた東海道は噴火後に閉鎖されて、新たに南麓に新道が開かれたという。しかし静岡大学教授の小山真人氏によれば、閉鎖されたのは東海道主道から北へ延びる支道だったようだ。

その後、東北（磐梯山、鳥海山）や南九州（開聞岳）でも噴火が起きたが、富士山は再び大暴れした。日本史上最大級の噴火であった、864年（貞観6年）の富士山貞観噴火である。

この噴火によって、北西山麓2合目付近の割れ目から30億トン、体積にすると東京ドーム1000杯分ものマグマが噴き出した。現在の青木ヶ原樹海は、この時に流れた溶岩の上にできたものだ。さらに、溶岩流は「富士四湖」で最大の「せのうみ」に流れ込み、それを精進湖と西湖に分断してしまった。

当時は、富士山の南にあたる伊豆方面でも火山活動が頻発していた。

838年（承和5年）の神津島天上山噴火では、近畿地方にまで降灰が及んだと言われている。その他、伊豆大島では少なくとも3度、それに三宅島や新島でも噴火が起きた。

これらを合わせると、わずか100年の間に、少なくとも15回ものM2超の噴火が起きたのである（図1-2）。M2とは、100万トン、およそ霞が関ビル1棟分もの溶岩や火山灰を放出する規模の噴火である。

ところで、『竹取物語』の成立については詳しいことは判っていないらしいが、紀貫之が有力な作者候補の一人であると聞く。もしそうだとすれば9世紀頃の作である。ヒロインは「かぐや姫」。カグとは日本神話で最強の火山神「カグツチ」の名にもあるように「燿《かが》やく」こと、つまり火に通じる語である。

東大名誉教授の保立道久氏は、かぐや姫こそ火山の女神だと主張する。また、物語の最後に、不老不死の薬を焼くために富士山へ登ったとあるのも、注目に値する。
もちろん私は『竹取物語』の専門家ではないのだが、この物語が生まれた背景に9世紀の活発な火山活動があると考えてもよいかもしれない。

3・11との類似性が指摘される貞観地震

火山だけではない。大地も大いに揺れた。最も強烈だったのは、しばしば3・11との類似性が指摘される貞観地震（869年）だ。地震による巨大津波で、東北地方では1000人以上の死者が出たという。当時の日本の人口が約500万人であったことを考えると、極めて甚大な被害であった。

また激烈な揺れも襲ったようだ。大和朝廷以来の蝦夷に対する守りの要であった多賀城は、この地震で城郭が崩れるなど壊滅的な被害を受け、その後再び復興することはなかった。津波が襲った地域の分布などからすると、貞観地震の震源域は3・11とほぼ同じで、M9クラスの超巨大地震であったとする研究者も多い。

日本海溝だけでなく、南海トラフでもM8クラスの巨大地震が起きた。
887年（仁和3年）8月22日午後4時頃、震度5強の強烈な揺れが京都を襲い、多くと、その揺れは2時間も続いたという。平安時代に編纂された歴史書の『日本三代実録』によると、その揺れは2時間も続いたという。

もちろんこの中には余震も含まれているのだが、震源域が広いために強い揺れが続いたことも確かであろう。あの3・11では、青森県から神奈川県にかけての広い範囲で、震度4以上の揺れが2分以上続いた。複数の破壊現象が広範囲で起こった連動型巨大地震の特徴である。

記録によると、仁和地震では海の潮が陸にみなぎり、多くの溺死者が出たとある。津波被害が最も甚大であったのは大阪湾周辺、特に今の大阪付近であった。この巨大地震の被害は畿内のみに留まらず中部地方にも及んだ。北八ヶ岳では大規模な山体崩壊が起こり、その土砂が千曲川を堰き止めて大洪水が発生したという。

関東地方でも818年（弘仁9年）に大地震が発生して、土砂崩れや洪水を引き起こした。北関東地震あるいは弘仁地震と呼ばれるこの地震は、関東地方に多数存在する活断層が活動した内陸型の地震と言われているが、沈み込んだフィリピン海プレート内部で発生した破壊が原因とする意見もあり、そのメカニズムはよく解っていない。

そして、京の人たちを恐怖に陥れたのが、868年（貞観10年）の播磨国地震であった。

現在の姫路市周辺の播磨国では寺社の建物や塔はことごとく崩壊し、３５００人もの死者が出た。京都でも震度４の揺れのために大きな被害が出た。

この地震はフィリピン海プレートが南海トラフに対して少し斜めに沈み込んでいるために、兵庫県南西部を走る山崎《やまさき》断層がずれた内陸型地震である。時の清和天皇は、疫病神（牛頭天王《ごずてんのう》）を山崎断層近くの広峰神社から京へ呼び寄せて鎮魂を図った。これが祇園御《ご》霊会《りょうえ》（祇園祭）の始まりである。

9世紀のM7以上の地震発生回数は少なくとも12回に達した（図1-2）。先に述べた火山の噴火も含めて、いかに平安時代9世紀は大地動乱の時代であったかと合点がいくことだろう。

平安大地動乱期の真偽

さてここで図1-3をご覧いただこう。10世紀〜16世紀までの間は、地震・噴火の回数は比較的少ない。

つまりこの「静穏期」が、平安大地動乱期を際立たせているということになる。

しかし、この記録を鵜呑みにするのは危険だ。9世紀には、奈良時代以降整備が進んで

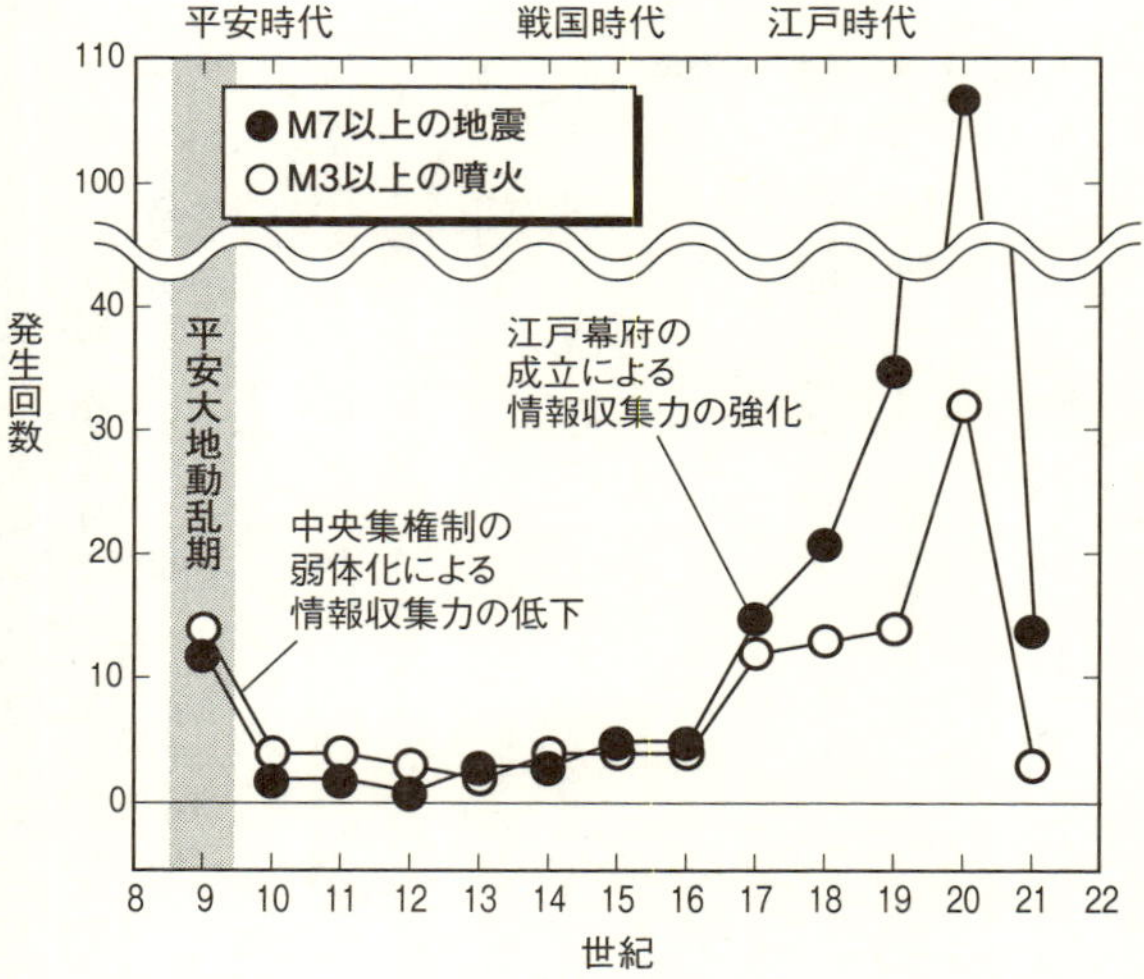

［図1-3］9世紀以降の記録に残る地震と火山噴火の数。データは図1-1と同じ出典。

きた律令国家が成熟期を迎えていた。中央集権国家の中心であった京には、全国からいろんな情報が集まっていた。そして、古代の律令国家が編纂した『日本三代実録』などに、このような情報はしっかりと記録されていたのだ。

ところが同時に、律令制における地方の租税収取が徐々に困難となり、この国の体制は地方分権的な王朝国家へと変わり始める。その流れはどんどん加速し、鎌倉、室町、戦国時代へと、国内の政情は不安定になっていった。こうなると国家としての情報収集能力は低下し、もはや地震や噴火の情報が記録として残っていない可能性が高くなる。

このことを裏付けるように、17世紀になって江戸幕府が成立すると、地震、噴火とも数が増えている。図1-1も併せて見ると納得していただけるだろう。

そして、19世紀末から20世紀にかけて近代国家となったわが国では、地震・噴火の記録は飛躍的に増加している。仮に図1-3のデータをそのまま信頼するならば、平安大地動乱期は最近ではなく、江戸時代に再来したとするべきだ。

確かに9世紀の日本列島では、火山の噴火や地震が頻発した。しかしそれは何もこの時期が大地動乱期であることを意味するのではなく、比較的安定した国情の下で情報の収集と記録がなされていただけのことである。

言い換えると、10世紀以降の「静穏期」にも、それ以前と同じように噴火や地震は多発していたに違いない。

つまり、日本列島はいつでも大地動乱の時代にあると考えるべきなのである。

また、「活動期再来説」は、事実でない上に危険ですらある。なぜなら、騒ぎ立てるマスコミやそれに動揺する人々は、同時に極めて忘れやすい性癖を併せ持つからである。

地震や火山の活動が少し静かになると、記憶から消え去り、「静穏期」に入ったと勘違いするのである。超一流の地球科学者・物理学者でもあった随筆家の寺田寅彦は、このような風潮を「天災は忘れた頃にやってくる」と戒めた。

超巨大地震の後には、例外なく近隣の火山が噴火する?

周知のことながら、地震の規模を示す尺度は「マグニチュード（M）」である。

この値は「震度」とは全くの別物で、地震によって発生するエネルギーの大きさを表す。簡単に言うと、震源域の面積、平均変位量、それに剛性率（岩盤のずれに対する抵抗力）を掛け合わせたものである。

また、マグニチュードとエネルギーを結びつける関係式は常用対数を含む。よってマグニチュードが1大きくなると、地震のエネルギーは約32（1000の平方根）倍に、2大きくなると1000倍となる。

マグニチュードが9以上の地震は、数百キロメートルを超える範囲で大断層が動く。そのエネルギーはほぼ日本の年間総発電量に匹敵するほどだ。

このような地震は、「超巨大地震」と呼ばれることが多い。規模の大きい地震は稀にしか起こらないのだが、地震計による観測で正確にマグニチュードが求められるようになっ

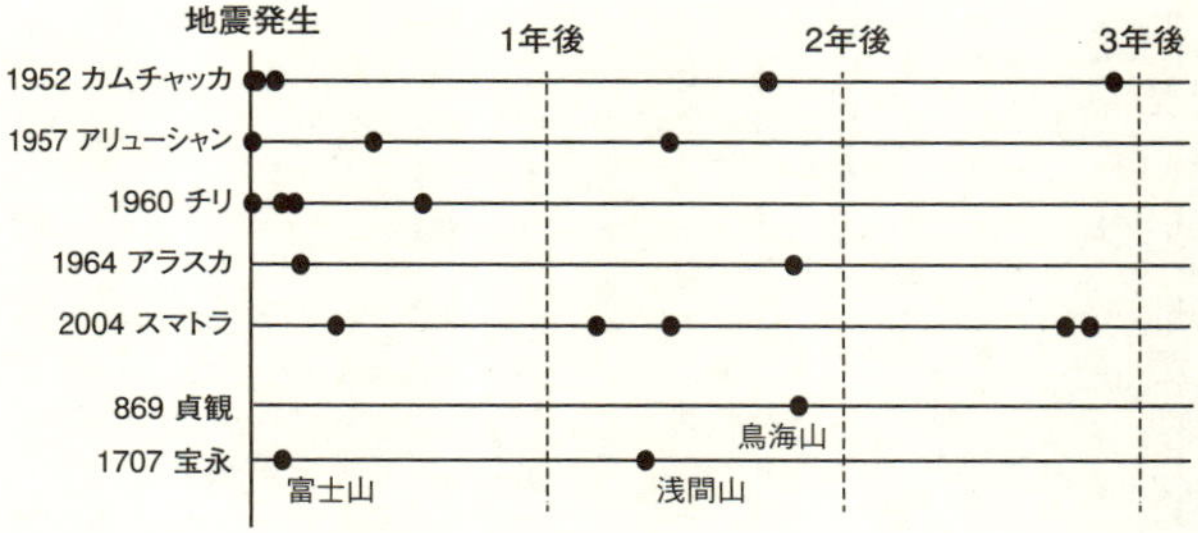

[図1-4] 超巨大地震と火山噴火の密接な関係

た20世紀以降に限っても、少なくとも6回の超巨大地震が起こった。

1952年カムチャッカ、1957年アリューシャン、1960年チリ、1964年アラスカ、2004年スマトラ、そして2011年3・11である。

さてここで注目すべき「事実」がある。

3・11以前の5つのケースでは例外なく、地震発生から3年以内に近隣の火山が噴火したのだ(図1-4)。このことは、火山噴火予知連絡会会長で東大名誉教授の藤井敏嗣氏も何度も指摘している。

1952年のカムチャッカ地震を見てみよう。

このM9の巨大地震では海溝近傍の大断層が動いたために巨大津波がカムチャッカ半島から千島列島を襲い、2000名以上の死者を出した。そして地震発生の翌日、半島の南端沖のパラムシル島にあるカルピンスキー火山が噴煙を噴き上げた。小規模な噴火ではあったが、この火山では後にも先にもこの噴火しか記録されていない。

さらに1週間後、オンネコタン海峡を挟んだオンネコタン島の南部にあるタオリュシルカルデラ湖に浮かぶクレニツィン山で、噴火が起きた。その後も周辺で小噴火はあったようだが、なんと言っても、最大規模のものは1955年から始まった半島中央部のベズイミアニ火山の噴火である。

この辺りには火山が密集しているのだが、ベズイミアニ火山は噴火記録がなく「死火山」と考えられていた。それが突然火山灰を噴き上げたのだ。しかも翌年には強烈な火山性地震が発生した後に、山頂部付近が崩れ去ったのだ。この崩壊によって山は、200メートル以上も低くなってしまった。この崩壊でできた山頂の窪地には、その後溶岩ドームが出現した。

過去の日本列島でも、869年貞観地震（日本海溝）と1707年宝永地震（南海トラフ）の直後に、噴火が起こった（図1-4）。前述したように、宝永地震の49日後に噴火したのは富士山である。

また、貞観地震後には鳥海山が活動した。一方で貞観時代には富士山も大噴火しているが、この「連動」では火山噴火が先に起きているので、地震が噴火を誘発したわけではない。

3・11の後に噴火した8つの火山

さて、2011年3・11はどうだろうか？

この超巨大地震発生後の5年間に、日本列島の8つの火山で噴火が起きた。

毎日のように噴煙を上げ続ける桜島、地震発生の約2ヶ月前から活動を再開した霧島新燃岳、2013年11月から新島の拡大が続く西之島、戦後最悪の火山災害となった御嶽山、全島避難となった口永良部島、それに浅間山、阿蘇山、箱根山である。

いくつかの噴火を簡単にまとめておこう。

東京の南約1000キロメートルにある西之島。もともと面積0・1平方キロにも満たない小島であったが、実は島となっている部分は高さ4000メートル、富士山をしのぐ巨大海底火山の頂上付近だった。ここで、1973年に有史以来初めて噴火が確認され、いわゆる「新島ブーム」となった。

この噴火の収束後、島の面積は0・22平方キロ程度になっていた（図1-5）。

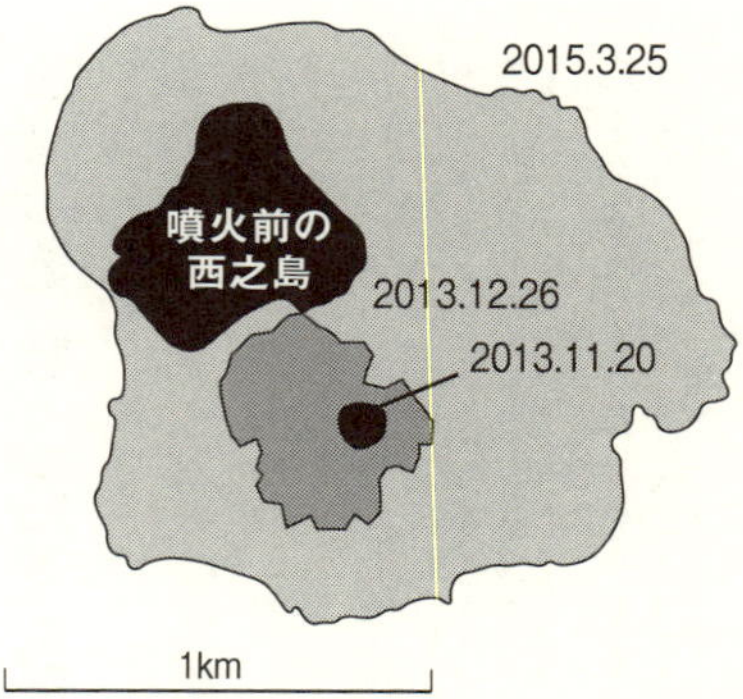

［図1-5］西之島の成長

そして２０１３年11月、島の南東５００メートル付近で噴火が始まった。新島が確認されると菅義偉官房長官は「海底火山の噴火でできた新島は、後に消滅したという例もあったようなので、今後の活動をしばらく注視していきたい」としながらも、記者から感想を聞かれると「領海が広がればいいなと思いますよ。この島がきちっとした島になってもらえればね、わが国の領海が広がるわけですから」とニコニコ顔で答えていた。

果たして新島はどんどんと拡大し、西之島を完全に飲み込んで12倍の面積にまで成長したのである。

マグマの噴出量は東京ドームの１２９倍に当たる１億６０００万立方メートル。国内で過去１００年間に起きた噴火では、１９１４年の桜島大正噴火、30年代の薩摩硫黄島、90年代の雲仙普賢岳に続く4番目の規模となった。

２０１４年9月27日、長野県と岐阜県の境にある御嶽山が噴火した。噴出物の量は50万トン程度と噴火そのものは小規模であったが、おりしも紅葉の時期であり、多くの登山者が山頂付近に集まっていたために、噴石や火砕流の影響で死者・行方不明者63名という大惨事となった。

国内の火山では富士山に次ぐ高さである３０６７メートルの御嶽山は、曰く付きの火山でもある。約80万年前から活動を始めていたが、歴史時代には噴火の記録が残っておらず、かつては「死火山」と考えられていたのだ。

それが１９７９年に水蒸気爆発を起こし、当時は「死火山大爆発」などと報道された。この噴火をきっかけに、国内の火山に対する分類法が再検討されて、休火山、死火山等の用語は使われなくなった。噴火記録などというたかだか２０００年というタイムスケールで、数十万年以上の寿命を持つ火山の活動を計ってはいけないということだ。

鹿児島県屋久島町に属する口永良部島は、昭和以降10回近くの噴火が起きた活動的な火山島である。２０１４年にも８００メートル以上もの噴煙を上げたが、２０１５年5月29日に始まった噴火では、1万メートルもの噴煙が立ち上った。また噴火に伴う火砕流は新岳火口から全方位に広がり、島の西側と北西側では海岸まで達した。幸いにも犠牲者は出なかったが、全島避難指示は年末まで続いた。

桜島は列島で最も活発な活動を続ける火山の一つだ。文明噴火（1471年）、安永噴火（1779年）、それに日本史上最大規模の噴火によってこの島を大隅半島と地続きにした1914年の大正噴火、それに1935年の昭和噴火など、幾度となく大噴火を繰り返してきた火山である。

1970年代初めからは活動が盛んになり、1980年代半ばから噴火回数は減少に転じ、21世紀に入ってからは比較的静穏な状況が続いていた（図1-6）。しかし2009年から再びその活動は活発になり、主な火口も以前の南岳から少し東側の昭和火口へと移動した。

2011年には観測史上の年間噴火回数を更新し、2014年7月24日の爆発的噴火では8000メートルの高さまで噴煙を噴き上げた。京都大学桜島火山観測所の井口正人教授によれば、大正噴火で多量のマグマを噴出したために沈下した桜島の地盤は、現在はほぼ大正噴火以前のレベルに回復したとのことだ。つまり、この火山はどんどんとマグマを地下に蓄積して、噴火の準備を着々と進めていると考えてよい。

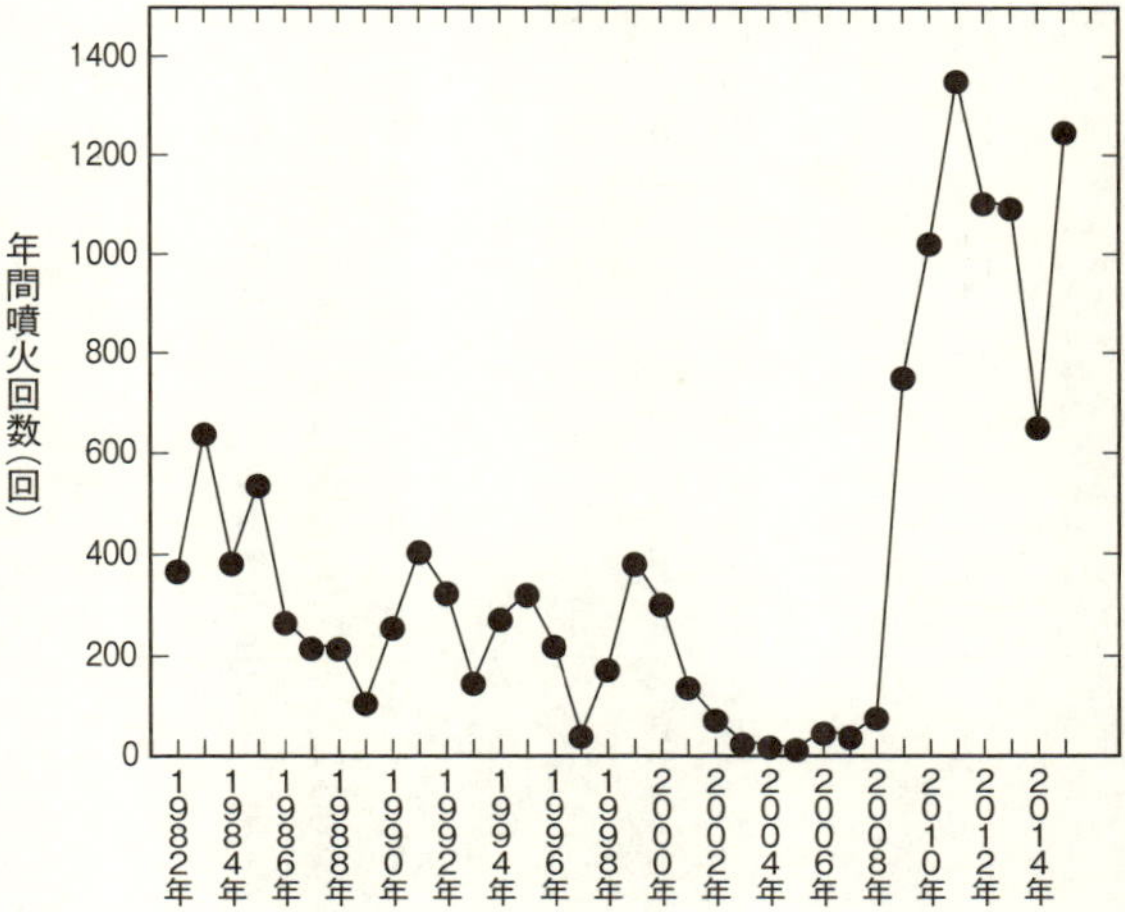

［図1-6］桜島における年間噴火回数の推移

2015年は箱根火山も騒がしかった。

首都圏の最も近くに位置し、火山観光のメッカとも言えるこの活火山は、6万6000年前には現在の横浜まで火砕流を流した実績を持つ。しかし、有史以来噴火の記録はなかった。

ところが2001年から山体直下で地震活動が活発化し、同時に山体の膨張も観測され始めた。そして2015年4月には、大涌谷から神山付近の浅い地下で火山性地震が増加し、5月になると大涌谷での噴気活動が活発化した。

そしてついに、6月29日には噴火に

ン程度ですんだ。

至った。幸いにもその規模は噴火としては最小レベルであり、噴出した火山灰は１００ト

3・11と噴火の関連を煽るマスコミと「専門家」

このように3・11以降、日本列島の８つの火山で噴火が起きている。

また冒頭に述べたように、幸いにも噴火には至らなかったものの、地震発生４日後には富士山直下でＭ６・４の地震が発生し、その余震域は地表に向かって上昇した。その他にも、少なくとも列島の20以上の火山で、火山性地震の活発化などの異常現象が観測されたのである。多くの火山ではその後平常状態に戻ったが、２０１５年夏時点でも、蔵王山、吾妻山、それに箱根山などではまだ異常が続いている。日本中を震撼させた超巨大地震の発生からわずか５年の間に、これだけの火山噴火やマグマ活動の活性化が認められたのだ。

さらには、戦後最悪の火山災害も発生した。こうなると一部の「専門家」は、これらの噴火は３・11に関連したものであり、日本列島は火山活動期に入ったと警告する。そしてマスコミも視聴者を煽り立てる。

では、地震と噴火の間に一体どんな関連性があるのか。言い換えればどのようなメカニ

ズムで地震が噴火を誘発するというのだろうか？　それが驚くことに、ほとんどまともな根拠は示していないのである。

例えば、週刊誌で活動期の再来を主張している有名教授は、3・11も西之島の噴火も太平洋プレートの沈み込みによって引き起こされる現象であるから、これらには関連があると説く。しかしこの主張は到底科学とは呼べない稚拙なものである。

そんなことを言うのなら、1952年のカムチャッカ超巨大地震の後に北海道、東北、それに伊豆諸島で噴火が誘発されたはずである。巨大地震や火山噴火のメカニズムをきちんと示した上で、その関連性を述べていただきたいものである。

つまり、巨大地震の後に火山噴火があったからといって、直ちに巨大地震が火山の噴火を引き起こすと結論付けることはできないということだ。

日本列島は元来世界一の火山大国であり噴火も頻発してきた。そのために地震と噴火がたまたま時期が重なるように起きた可能性も十分にある。

では、超巨大地震が火山の噴火を引き起こしたかどうかは判別することができるのだろうか。また、そもそも地震が噴火を誘発するメカニズムとはどのようなものなのだろうか。

地震が噴火を引き起こすメカニズム

噴火とは、火山の地下に存在したマグマが地表へ噴出する現象である。つまり、ある程度のマグマが地下に蓄えられていることが前提だ。これを「マグマ溜まり」と呼ぶ。地震が噴火を誘発する場合は、地震に関連した現象によって、マグマ溜まりが刺激を受けてマグマが上昇を始めるのだ。

そもそも日本列島周辺は、4つのプレートがせめぎ合う地球上でも稀な地域である。おまけに、列島の下へ沈み込む2つのプレートは、地震を起こしやすい条件を備えている。

日本海溝から沈み込む太平洋プレートは、地球上で最も古く（約2億歳！）、従ってすっかり冷たくて重くなっており、年間8センチメートルもの高速で押し寄せてきて、東北日本を圧縮する。

一方南海トラフから沈み込むフィリピン海プレートは、たかだか1500万年前に誕生した若いプレートであるので、まだ冷え切っておらず温かくて軽いプレートだ。そのため簡単には沈み込めずに、その反作用として西南日本を強烈に圧縮する。

このようにプレートから力がかかる列島の地盤には「応力（ストレス）」が働く。そのことで地盤が歪む（変形する）のである（図1-7Ⓐ）。

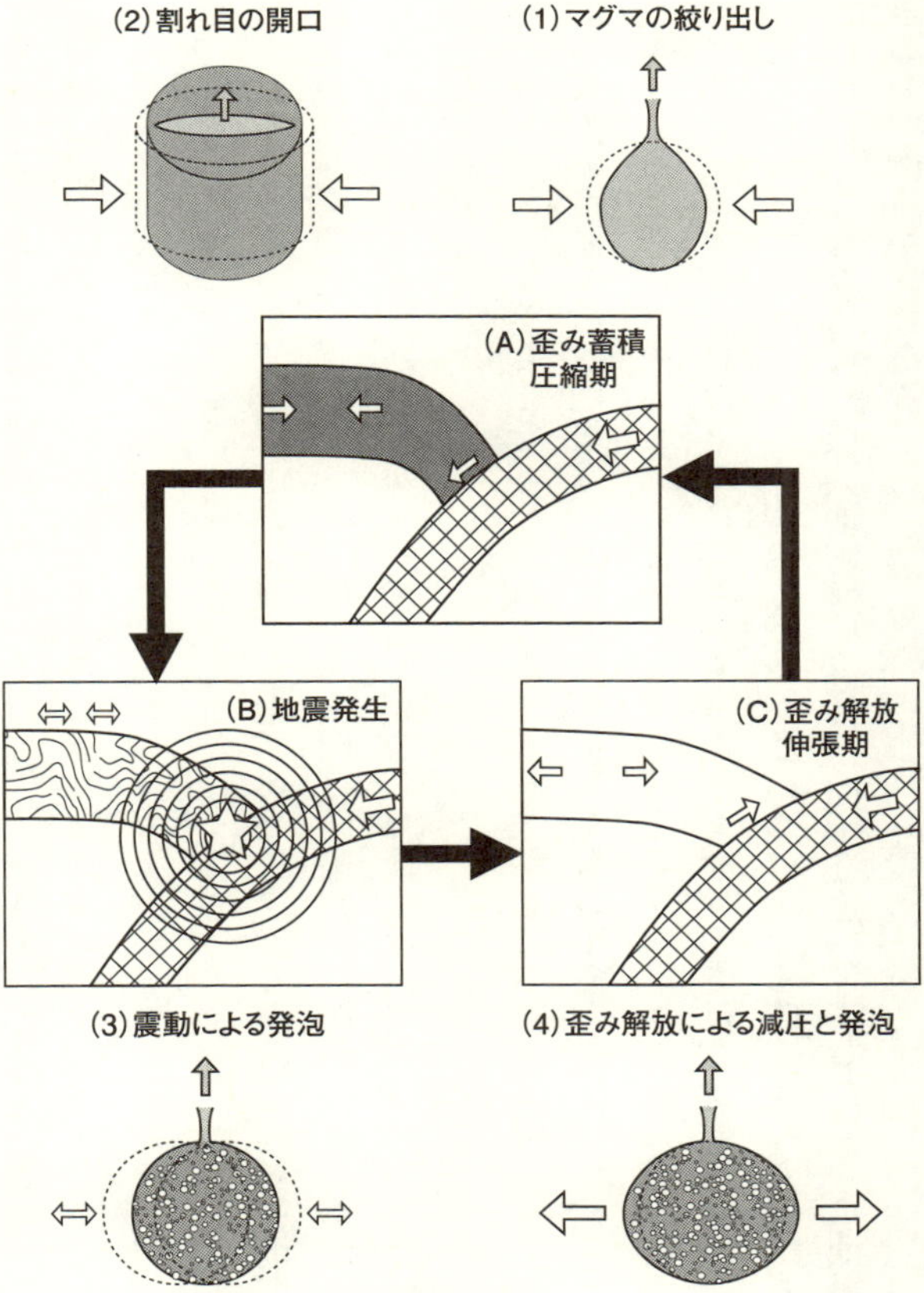

[図1-7] 地震が噴火を誘発するメカニズム

この歪みが限界に達すると破壊、すなわち地震が発生するのだ（図1-7Ⓑ）。

よく日常会話で「最近ストレスが溜まってねえ」という表現を使うが、ストレスは力であるから溜まることはない。溜まるのは歪み（ストレイン）である。だから科学的には、「最近ストレスが強くてストレインが溜まってねえ」と表現するのが正確である。

このようにしてストレインが限界に達して地震が発生すると、日本列島の地盤にかかる力の状態が大きく変化する。つまり、地震発生前は圧縮状態に置かれていた地盤は、海溝から沈み込むプレートが跳ね上がって地震を起こした後には、引き伸ばされた状態へと変化する（図1-7Ⓒ）。

このような地盤の状態変化を頭に入れた上で、噴火が起こるメカニズムを考えてみよう。列島の火山の地盤である地殻は、2つのプレートからの圧縮力によって大きく歪んでいる。従って、地殻の中にあるマグマ溜まりもプレートの沈み込みによって押し縮められている。このような状況ではマグマ溜まりからマグマが絞り出される可能性がある（図1-7①）。

しかしこのタイプの噴火は、火山下の地盤が圧縮されている時、すなわち地震発生前に起きるはずだ。なぜならば、巨大地震発生後は、図1-7Ⓒで示したように地盤を引っ張る向きの力が働くからである。

また図1-7(2)に示すように、マグマ溜まり周辺の地盤がギュウギュウと押し縮められたことで、圧縮の方向にパカッと割れてしまう可能性もある。するとマグマ溜まりの圧力が急に下がってまるでビールの栓を開けたような状態となり、アブクと一緒にマグマも溢れ出てしまう。しかしこのような噴火も歪みが蓄積している時、すなわち地震発生前の現象であるはずだ。

ここでちょっと、噴火の引き金となるアブクができる現象（発泡現象）について触れておかねばならない。

マグマ溜まりにマグマが充塡されただけでは噴火には至らない。マグマと周囲の岩石の重さが釣り合っているからだ。マグマが周囲より軽くならないと地表まで上がって噴火することはできない。マグマが上昇する主要な原動力は、マグマに働く浮力である。

マグマ溜まり内のマグマを劇的に軽くして大きな浮力を生み出すのが、「発泡現象」だ。マグマの中には水が溶け込んでいる。このマグマ中の水が気体（水蒸気）としてマグマから析出する現象が発泡である。

この現象は栓をした瓶に入ったサイダーやビール、それにシャンパンに喩えると解りやすいかもしれない。炭酸がマグマに溶け込んだ水、サイダーがマグマにあたる。

そのままでは炭酸はサイダーに溶け込んでいるが、栓を温めたり、瓶を勢いよく振ったり温めたりすると、炭酸はガス化してアブクとなる。これが発泡現象である。激しい発泡が起きるとサイダーは溢れ出す。これが噴火に相当するのだ。つまりマグマ溜まり内で発泡が起きると圧倒的に軽くて体積の大きなガスが発生して、マグマ溜まり全体の密度が劇的に下がることになるのだ。

もう一つ、アブクの発生が噴火を起こす原因がある。それは、マグマに溶け込んでいた水がガス化することで体積が激増することだ。蒸気機関車が力強く走ることができるのと同じ原理である。

マグマ溜まりの体積が増えて膨張しようとすると圧力が高まる。つまり、周囲の岩盤にプレッシャーをかけるのだ。そうなると、ちょっと弱い部分には割れ目が走ることになり、その割れ目に沿ってマグマが上昇できる。

発泡現象が、いかに噴火にとって重要であるかはお解りいただけただろうか？

さてそれでは、もう一度サイダーをマグマ溜まりに喩えてみよう。瓶を揺さぶるとどうなるだろう？　シュワシュワーとアブクが出て、サイダーが溢れ出すに違いない。同じことが、地震で揺さぶられたマグマ溜まり内でも起こる可能性がある（図1-7⑶）。

実際、巨大地震の発生直後に噴火が起きた例は多い（図1-4）。しかしながら3・11については、もはや5年が経過した。従って、超巨大地震の震動がマグマ溜まり内でアブクを作ったというメカニズムは、今では作動していないと考えた方が自然だろう。

地震が噴火を誘発するメカニズムとして最も有力なものが、図1-7(4)のモデルだ。先に述べたように、超巨大地震が起きると一気に歪みが解放されるために、その前後で地盤に働く力が圧縮から引っ張りへと劇的に変化する。するとそれまで押し縮められていたマグマ溜まりが地震の後には今度は引き伸ばされることになる。つまり圧力が下がるのだ。

これはまさに、サイダーの栓を勢いよく開けたようなものである。このことでマグマ溜まりの中で発泡が始まりマグマが急激に膨張して軽くなり、圧力も高まる。この過剰圧によって周囲の岩盤の割れ目が成長して遂には噴火に至る場合があるのだ。

日本列島の応力状態を激変させた超巨大地震

ここで、3・11と噴火の関係を考える上で重要な観測結果を図1-8に示す。この図は、国土地理院が全国に配置したGPSを用いて求めた「応力」の様子を示したものである。

ある2点間の距離が縮まっていれば圧縮力が働いていることになり、逆に広がっていれば引張力が働いていることになる。

3・11の前、つまり日常的な状態の日本列島は、北海道南東部と九州南部を除いてぎゅうぎゅうと押し縮められていた。その向きは太平洋プレートとフィリピン海プレートの運動方向とほぼ一致している。このような状況下で太平洋プレートに引きずり込まれていた東北日本太平洋側の地盤が、図に示した広大な範囲で跳ね上がり、超巨大地震が発生したというわけだ。

すると、強く東西に押し縮められていた東北地方の地盤は一気に伸びてしまい、地震発生前とは逆に引っ張る力が働くようになった。

つまり、超巨大地震は列島の応力状態を激変させたのである。

しかしここで注目したいのは、このような力の状態が変化した範囲である。地盤が圧縮された状態から引っ張りに転じたのは、北米プレートとユーラシアプレートの境界域、通称「フォッサマグナ」辺りまでである。一方で、中部地方から西南日本、それに伊豆半島より南や北海道ではこのような変化は認められない（図1-8Ⓑ）。

さてこの図の(B)には、3・11以降に噴火した7つの火山の位置も示してある。西之島は

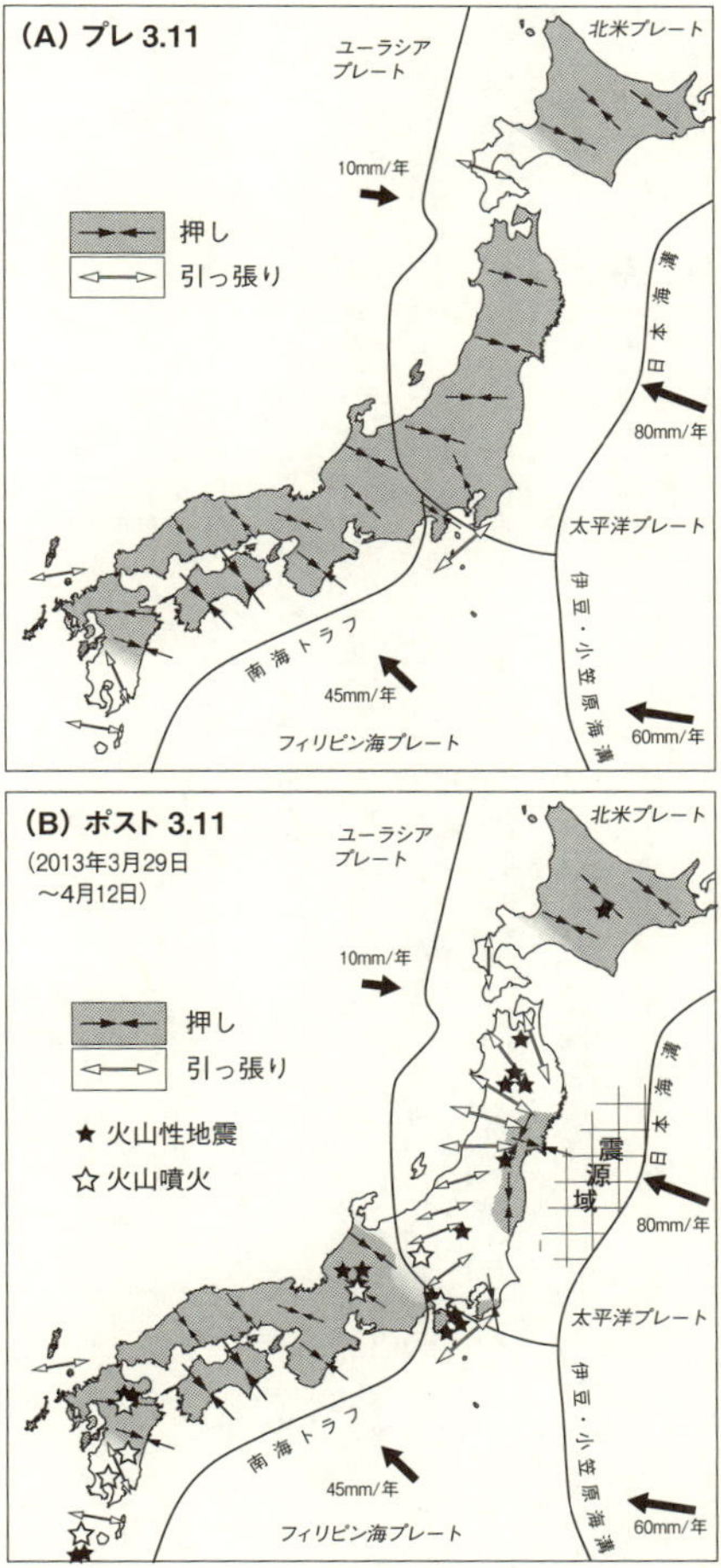

［図1-8］3.11前後の日本列島の地盤にかかる応力の状態。地震発生後に活動的となった火山も示してある。

あまりに南にあるので地図の中に入り切らなかった。

ここでしっかり見ていただきたいのは、御嶽山や阿蘇山、霧島新燃岳、桜島、口永良部島、それに西之島などの火山では、3・11の前後で地盤の状態は全く変化していないことだ。つまり、超巨大地震の後に噴火した8つの火山の中で、6つは地震とは無関係な場所にある。

だから、このような火山の噴火は超巨大地震に誘発されたのではなく、火山にとっては当たり前の「息づかい」と捉えるべきである。

もちろん箱根山と浅間山の噴火も、3・11が引き起こした地盤の変化が原因であると断定はできない。何せ浅間山は国内有数の活動的な火山で、いつ噴火してもおかしくない。また、箱根山では10年以上も前から地震活動や地殻変動が始まっていた。つまり、噴火の準備が行われていたのだ。従って日本列島は3・11以降「火山活動期」に入ったとはいえない。これが私の結論である。

だからといって、世界一の火山大国の民が安心してよいということではない。列島にはいつ噴火してもおかしくない活火山が110もあるのだ。

それに加えて、もう一つ気を引き締めておかねばならないことがある。それは、幸い噴火には至らなかったが、3・11の後で何らかのマグマの動きが観測された火山が20以上もあるということだ。超巨大地震によって地盤の状態が大きく変化した東北日本の火山でも、このような異変が認められている（図1―8Ⓑ）。

そしてさらに重要なことは、このような地盤の動きは極めてゆっくりとしていることだ。つまり、未だに続く地盤の異常状態は今後数十年続くと予想される。

もう一度言っておこう。110ある活火山は、いつ噴火してもおかしくないのである。

地震を引き起こすプレートテクトニクス

超巨大地震発生後に、近隣の火山が噴火することは事実である。しかし、少なくとも3・11については、火山活動期の扉を開けたとは言えない。では、地震活動は活性化されて、日本列島は地震活動期に突入したのであろうか？

このことを考えるために、まずは日本列島で起きる地震、それに地震を引き起こすプレート運動について少し復習しておくことにしよう。地球の表層は何枚かの硬いプレートで覆われている。そしてその相対運動が原因でいろんな変動が引き起こされる。

そもそもプレートが地球の表面を覆っている理由は、地球の中心が5000℃を超える高温であるからだ。海底はほぼ0℃、地表の平均温度は15℃なのだから、地球の中には大きな温度差があることになる。

しかしこんな不均一な状態を、自然は許さない。できるだけ同じ温度になろうとするはずだ。その結果、地球内部の核やマントルでは活発な対流が起こって、せっせと熱を地表へと運ぶことになる。

マントルはもちろん固体の岩石でできているが、岩石は約1000℃以上の高温では流れやすい性質を持つために「対流」するのだ。しかし地表に近い浅い部分では温度が低くなって、岩石が流動（対流）して熱を運ぶよりも、熱伝導の方が効率的に熱を運ぶことができる。この部分がプレートと呼ばれる。

マントルは、硬いプレートの下で対流しているのである。

ちなみに、太陽系の惑星の中でプレート運動によって様々な変動が起きている。つまりプレートテクトニクスが作動しているのはこの地球だけである。

水星や金星、それに火星などの「地球型惑星」はほぼ地球と同じようなプロセスで誕生した「兄弟惑星」である。従って、内部の構造もよく似ている。にもかかわらず、他の惑星ではその表面はたった1枚の広大なプレートが存在しているだけである。地球のように、海嶺でプレートが誕生して海溝から沈み込むなどという現象は起こっていない。

地球がプレートテクトニクスの星となった原因は、海が存在したことによる。海、つまり液体の水が存在すると岩石は割れやすくなり、やがてある割れ目がどんどんと成長して大断層となる。するとそこからプレートの落下（沈み込み）が始まるのだ。

一方で水がないと、プレートはいつまでも頑丈なまま表面を覆い続ける。実際この地球で海が広がったのが約38億年前。そして、プレートテクトニクスが動き出したのも、ほぼ同時代だと言われている。

現在の地球の表面は十数枚のプレートで覆われているのだが、なんとこれらのプレートのうちの４枚が日本列島の周辺でせめぎあっている。つまり、太平洋プレートとフィリピン海プレートが、北米プレートとユーラシアプレートの下へ潜り込んでいるのだ。この特異な地勢こそがわが国が地震大国たる所以《ゆえん》である。

地震を引き起こす3つのパターン

さて列島に災いをもたらす地震には、大きく分けて３つのパターンがある。海溝型、アウターライズ型、直下（内陸）型である（図1－9）。

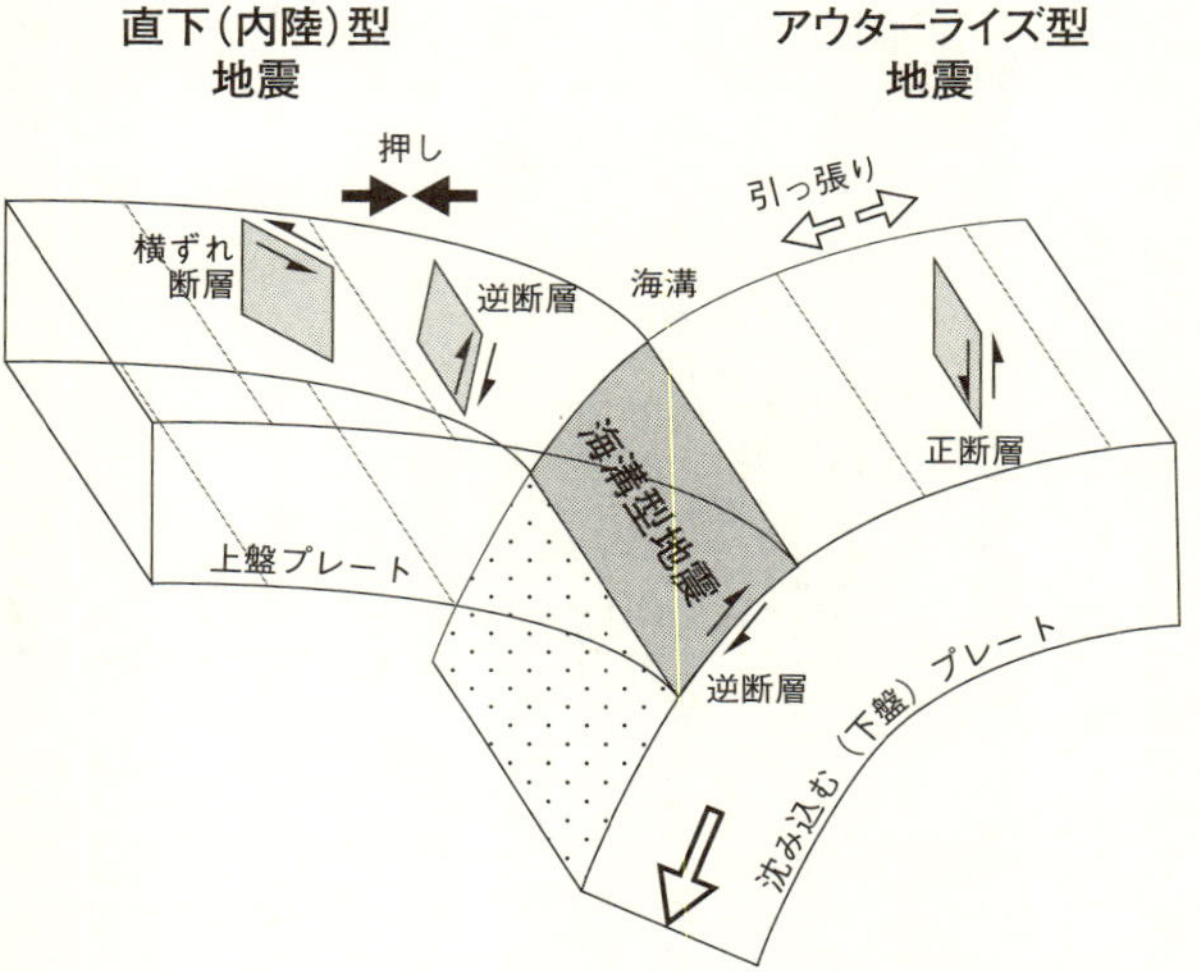

［図1-9］日本列島に被害をもたらす地震のタイプとメカニズム

海溝型地震は、太平洋プレートやフィリピン海プレートが日本列島の下へ潜り込む際に上盤プレートを引きずり込み、それが限界に達すると上盤プレートが跳ね返ることが原因で起きる。3・11や南海トラフ地震、それに関東大震災（大正関東地震）などが海溝型地震の例である。このタイプの地震は、日本列島周辺で起きたM8以上の地震のおよそ9割を占める。

跳ね返る部分の面積が大きいと、当然地震のマグニチュードが大きくなる。また、ある場所で起きた跳ね上がりが、近傍での跳ね上がりを誘発することがある。このようなタイプを「連動型」地震と呼ぶ。3・11でもそんなことが起こったと考えられているし、南海トラフの地震にはこの連動型のものが多い。

アウターライズ（海溝外縁隆起帯）とは、硬いプレートが曲がって沈み込む前に準備運動として上向きに盛り上がる場所である（図1-9）。日本海溝沿いではこの構造が顕著に見られ、海溝の東側、日本列島から数百キロメートルの所に海底の高まりがある。

ここではプレートが曲がるために亀裂が入り、しかも沈み込んだプレートが自重で引っ張るために大きな割れ目（断層）ができる。このように地盤が引っ張られたためにできる断層を「正断層」と呼ぶ。この正断層がずれることで大地震が起きるのだ。

ただ、陸域から遠く離れているためにこの地震の揺れによる被害はあまり大きくない。しかし、断層のずれによって引き起こされた巨大な津波が列島を襲う。

1933年の昭和三陸地震はこのタイプの地震であり、津波によって3000人以上もの人命が失われた。アウターライズの断層は、海溝型地震に引き続いて活動する可能性がある。海溝型地震の発生によって沈み込むプレートに働いていた摩擦（抵抗）がなくなり、プレートを引っ張る力が大きくなるからだ。実際、1896年にM8を超える海溝型地震である明治三陸地震が発生し、その37年後にアウターライズ型の昭和三陸地震が起きた。

3・11の直後には、このアウターライズ型地震が引き続いて発生する可能性がしばしば指摘された。

しかし、今この危険性を記憶している人がどれくらいいるだろうか？　先の三陸地震の例でも解るように、海溝型巨大地震の数十年後にアウターライズ型地震が発生し、巨大津波が再び同一地域を襲う可能性があることを忘れてはならない。もちろんそれは明日であったとしても何ら不思議ではない。

私たち日本人は、先人が被《こうむ》ってきた悲劇をもっと真摯に受け止めて対策を講じるべきであろう。それが「地震大国の民」の使命である。

プレートは海溝から沈み込むと同時に、陸側の上盤プレートを強烈に押し縮める。そのストレスによって日本列島の地盤には多くの割れ目、すなわち断層ができる。東北地方のようにプレートの沈み込む向きが列島に対してほぼ垂直な場合には、上下方向のずれが大きい逆断層が発達する。

一方で、西日本のようにフィリピン海プレートがやや斜めに沈み込むと、横ずれ成分が大きい断層となる（図1-9）。そしてこれらの内陸部を走る断層の活動が、1995年の兵庫県南部地震、1891年の濃尾地震などの内陸型または直下型地震を引き起こした。

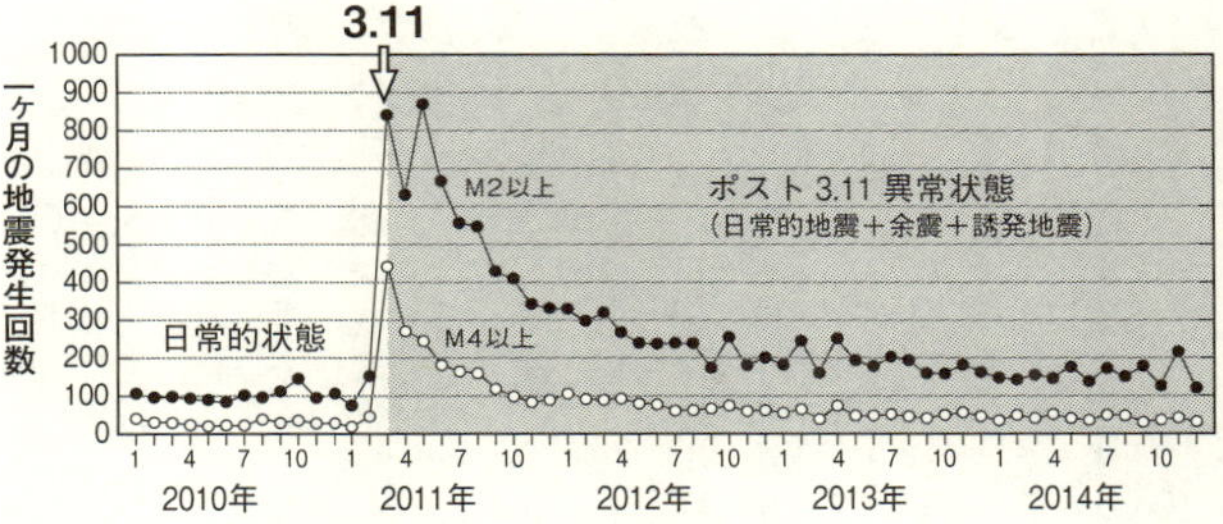

［図1-10］3.11前後の地震活動の推移

このタイプの地震は、海溝型の地震と比べると規模（マグニチュード）は小さい傾向にある。兵庫県南部地震はM7・3であった。日本史上最大の内陸型地震が濃尾地震（M8・0）である。しかし人口密集域で発生する場合が多く、その被害は甚大だ。

地震の発生確率はロシアンルーレット

それでは、3・11の海溝型巨大地震が日本列島の地震活動に与えた影響を確かめてみよう。

まず、その前後の地震発生回数の推移を眺めてみる（図1−10）。想像に難くないことだが、日本列島の状態は2011年3月を境に急変し、地震発生回数は約5倍に増えた。その後地震発生回数は次第に減少してきたが、図を見れば明らかなように2014年末でもまだ3・11以前の状態に戻ったとは言えない。

これらのポスト3・11地震にはいわゆる余震も含まれている。一方で、断層が3・11によって活性化した誘発地震と考えられるものもある。まさに巨大地震によって東北地方の地盤の状態が変化して、地震発生後4年近く経た2014年末の時点でもその異常事態は続いているのである。

なぜこのように地震が誘発されるのだろうか？

もう一度、3・11前後の列島の地盤に働く力の変化を見ていただこう（図1-9）。このような地盤にかかる力の変化は、当然断層の動きを活性化させる。引っ張る力が強くなると断層はずり落ちるような動きを見せる。「正断層」と呼ばれるタイプの断層だ。実際、3・11後には、このような地震が多く観測されている。

正断層と反対に圧縮された状態では「逆断層」と呼ばれるずり上がるタイプの断層が発達する。3・11以前の東北地方では、圧倒的にこのタイプの断層に伴う内陸型地震が多かった。ぎゅうぎゅうと押されて発生する逆断層タイプの地震の方が強烈なような印象があるかもしれないが、そんなことはない。いずれの場合でも歪みに耐え切れなくなって地盤がずれて地震が起こるのである。

つまり、列島の地震活動が異常な状態に引き上げられたのは確かだ。

しかし、大切なのは、今のところ南海トラフで巨大地震が誘発される兆候はないことである。図1-8を見ると解るように、3・11の後も南海トラフでは相変わらず歪みが蓄積され続けている。

もちろん、だからといって決して安心してよいわけではない。今後も南海トラフでの地震発生確率は、どんどんと上昇する。

つまり、ロシアンルーレットのようなものだ。運良く最初に当たらなくても、次に当たる確率は上がるし、たとえ最後まで生き延びたとしても、次は100%の確率で当たるのだ。

地震活動についても、3・11が他の海溝型巨大地震の発生の引き金となる、つまり日本列島の火山活動期の幕を開けた可能性は少ない。ただ先にも述べたように、アウターライズ型地震による津波の来襲には、3・11の教訓を生かしてしっかりと備えるべきであろう。

まとめ

日本列島は、地球上でも有数の地震と火山の密集域である。

排他的経済水域を含む日本の国土は地球表面の1%にも満たないが、地球上の地震や火山のおよそ1割が集中している。

その原因は2つのプレートが日本列島の下に沈み込んでいることにある。しかし、地球上には他にも「沈み込み帯」はある。それにもかかわらず、なぜ日本列島ではこれほどまでに変動するのだろうか？　地震については、沈み込むプレートと日本列島の間の引っ付き具合（カップリング）が強いことが原因だ。年間10センチメートル近い高速で押し寄せる太平洋プレートや、まだ出来たてで軽いフィリピン海プレートは、強烈に日本列島の地盤を押し続けて歪みを溜める。その歪みが、ある量を超えると地盤は破壊されて断層がずれ、地震を起こす。

火山が密集する原因はもっと単純だ。沈み込む太平洋プレートが、地球上で最も古く、従って十分に冷えていて重い。そのために年間10センチ近い高速で運動しているのである。これが原因で、ある一定の期間に多くの水がプレートから絞り出され、マグマの発生率が高くなる、すなわち火山の数が多くなるのだ。

こんな日本列島では、当然地震や噴火は頻発する。超巨大地震が発生し、その結果地盤の状態が大きく変化して、地震や噴火が誘発されることもある。

しかし、このような状況を「大地動乱時代」などと認識してはいけない。

例えば、日本海溝と南海トラフで発生する超巨大地震の間に明瞭な因果関係があるとは言えない。また、超巨大地震の影響が及んでいるとは言えない地域でも、当然のように火山の噴火は起こる。頻発する地震と噴火は、確率の問題として連動するかのようにほぼ同時期に起こることもある。しかしこれは因果関係のある連動ではない。

もう一度強調しておきたい。

日本列島は3・11以降活動期に入ったわけではない。しかし、だからといって安心してはいけない。人間生活の時間尺度で噴火や地震が起こらなかったとしても、静穏期に入ったなどと気を緩めてはいけない。日本列島は生来、地球上で最も地震や噴火が頻発する場所なのである。

第2章 富士山は噴火するのか?

日本に山が多い理由

この章では、多くの日本人にとって最も関心が高いであろう、富士山の噴火の可能性について考えてみる。

富士山の話に入る前にまず知っておいていただきたいことがある。それは、日本列島の高峰には火山が多いことだ。例えば、国内高さランキング20位内の半分以上が、地球史の中で最も新しい地質時代である「第四紀」（約260万年前以降）の火山なのだ。

実は日本が山国である原因は、マグマにある。

地下深くで作られたマグマのうち、地表へ流れ出すもの、つまり火山を作るものはほんの一部に過ぎず、殆どは地殻の中で冷え固まって花崗岩などの「深成岩」となるのだ。こうして列島の地殻はどんどんと厚くなってゆく。

このように地殻を太らせてゆくマグマは、マントルに比べるとずっと軽い。二酸化ケイ素などの軽い成分が濃集しているためだ。そのためにこのマグマが固まった深成岩、そして地殻もマントルの岩石よりは軽くなる。この軽い地殻が地球時間では流れるマントルの

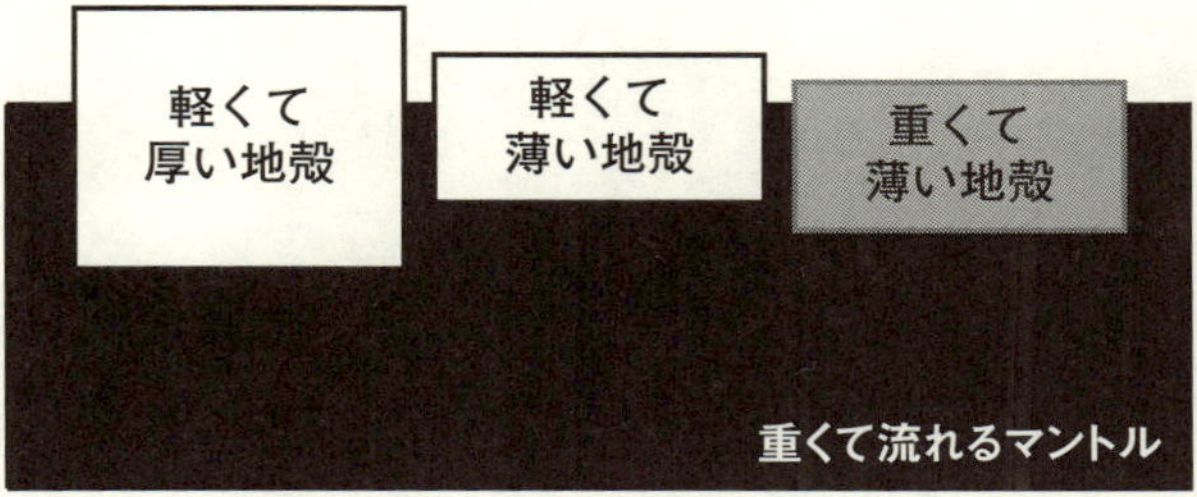

[図2-1] アイソスタシー

上に浮いていて、それがだんだんと分厚くなるのである。

例えば、水に浮いた厚さの違う木片を思い浮かべていただきたい。水がマントル、木片が地殻である。2つの木片を比べると、厚い方が水面に高く顔を出しているはずである。「アルキメデスの原理」だ。これと同じように、だんだん分厚く成長した地殻は、どんどんと盛り上がり、そのことが原因で山も高くなるのだ。このような地殻とマントルとのつり合いを、「アイソスタシー」と呼ぶ（図2－1）。

イギリスも日本と同じように島国である。しかしその最高峰はスコットランドのハイランドに聳《そび》える通称「ザ・ベン」と呼ばれるベン・ネビス山で、その標高はたかだか1344メートルに過ぎない。イギリス諸島では数千万年前を最後にマグマの活動がなかったために、それ以降地殻は成長していないのである。

富士山は4階建ての火山

列島の山々の中で、富士山は標高３７７６メートル、もちろん日本の最高峰である。

この山には際立った特徴がある。海に面した富士市から聳え立つ独立峰であることだ。つまり、浅間山や蔵王などの他の多くの火山が、ある程度盛り上がって底上げされた地盤の上にちょこんと乗っかっているに過ぎないのに対して、富士山は正味の火山なのだ。

例えば、富士山に次ぐ高さの活火山である御嶽山（標高３０６７メートル）では、火山体そのものの高さは半分程度に過ぎない。つまり富士山は、高さもさることながら、その大きさ（体積）でも他を圧倒する巨大な火山なのである。

実は、今私たちが富士山と呼んでいる山は4階建て、つまり４つの火山が積み重なっている（図2-2Ⓐ）。

今からおよそ数十万年前、まだ日本列島にヒトがいなかった頃、伊豆半島周辺では火山活動が盛んであった（図2-2Ⓑ）。中でも箱根火山と愛鷹《あしたか》火山、それに先小御岳火山は大きな火山だった。箱根火山はその中でも特に活発に活動しており、複数の成層火山が群れをなしていたが、約20万年前には大規模な爆発を起こしている。

その後、先小御岳火山を覆うように小御岳火山が誕生した。この火山の一部は富士スバ

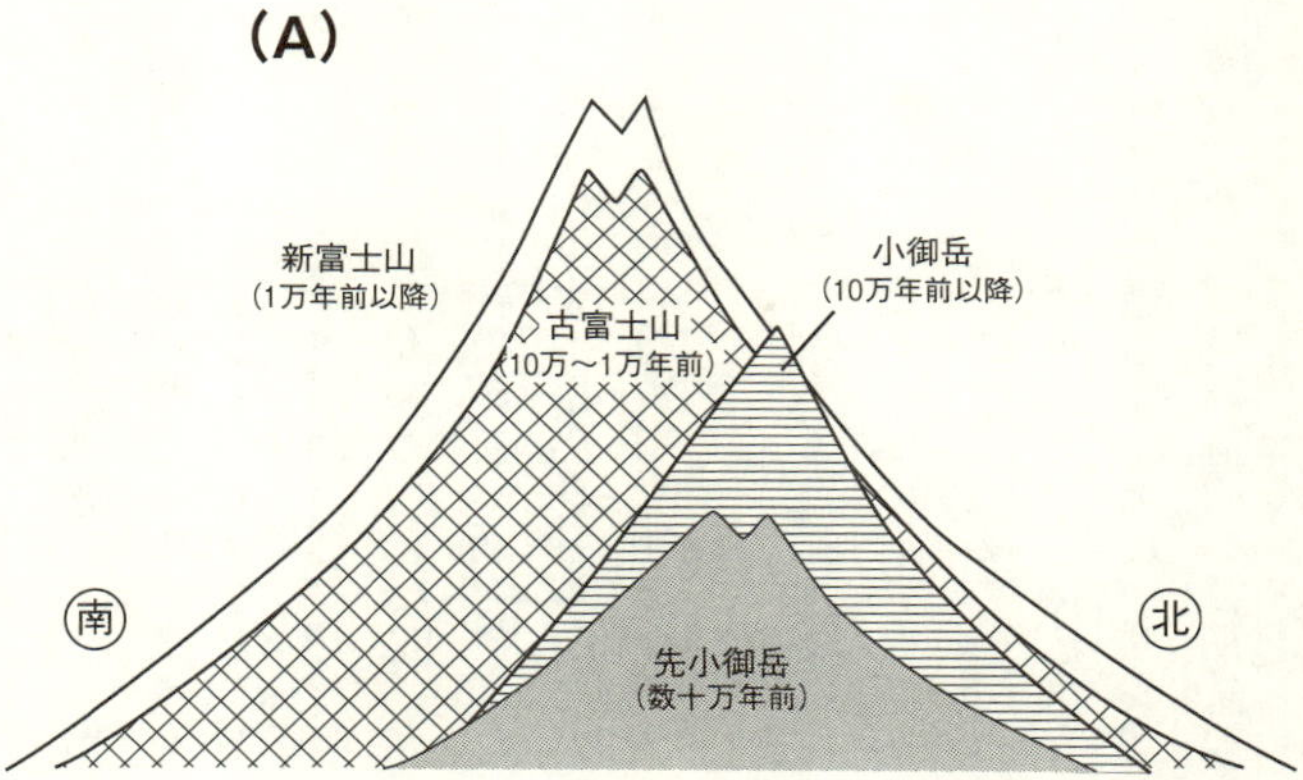

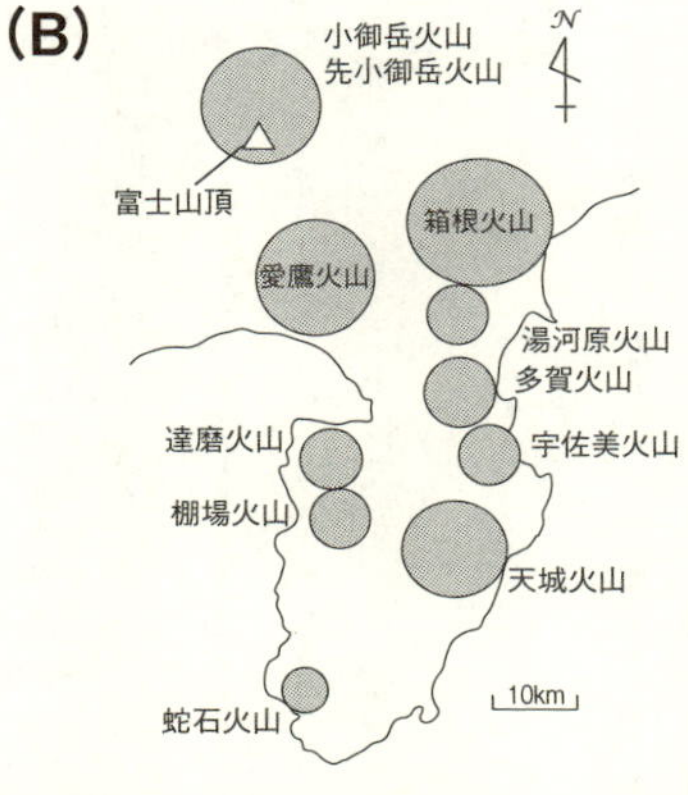

[図2-2]（A）4階建ての富士山の内部構造と活動時代。（B）数十万年前に、富士山周辺で活動した火山。

ルライン終点の五合目付近に今でも顔を出している。小御岳火山の活動が一段落すると、その南側の山腹に古富士火山が誕生した。この火山はとても活動的でぐんぐんと成長した。またあまりにも急に高くなったために、不安定な山体は何度も崩れた。

おりしも当時は氷河期の真っただ中。雪や氷に覆われた火口からマグマが噴出すると、雪氷が融かされて大量の水となり、大規模な土石流が発生したようである。この土石流が麓まで流れ下り緩やかな斜面を作ったので、現在私たちが見る美しい裾野となったようだ。また、隣の箱根火山は約6万年前に大爆発を起こした。流れ出た火砕流は現在の横浜市辺りまで達し、東京付近でも20センチメートル以上もの厚さまで軽石が降った。

古富士火山の活動が関東平野に与えた影響

この時代の古富士火山の活発な活動で噴き上げられた火山灰は、偏西風で運ばれて関東平野に降り積もった。これが「関東ローム層」だと言われている。武蔵野台地、相模野台地、大宮台地、下総台地などの広大な関東地方の台地を覆う赤土である。水はけが良すぎたので稲作には適さない上に、リン酸などの栄養分に乏しいので畑作にも向いていなかった。そのために、開府当時の江戸幕府は食料の調達に相当苦心したようだ。米は全国各地の天領から、そして魚介類は江戸前で調達するようになったが、生鮮野菜はそうはいかない。この状況を打開するために、関東ローム層とは違って肥沃な土壌が覆う川沿い（現在の江戸川区小松川）で小松菜の生産を奨励したのは、五代将軍綱吉である。

関東ローム層が正真正銘の火山灰層ではないとする意見もある。火山灰の専門家である群馬大学教授・早川由紀夫氏によるとローム層は火山灰が降り積もったものではなく、一旦堆積した火山灰や地表の土が、風によって巻き上げられてそれが積もったもの、つまりホコリだという。いずれにせよ、古富士火山の活動が関東平野に大きな影響を与えたことは間違いない。

富士山はおよそ1万年前から新たなステージに入る。新富士火山の活動だ。山頂の火口や山腹の側火口、それに割れ目からマグマを噴き上げ、溶岩流などの噴出物は、それまでの山体をほぼ完全に化粧直ししたのである。

新富士火山は、歴史時代以来、少なくとも10回の噴火を起こしている。中でも864年から2年間続いた貞観噴火は大規模だった。第1章でも紹介したようにこの噴火で富士「五湖」が出来上がった。

よく知られている1707年（宝永4年）の宝永噴火も大規模なものであったが、この時の噴火は大量の火山灰を噴き出すタイプのものであった。20日間ほども火山灰は降り続け、近隣の家屋は埋没、江戸でも数センチメートル降り積もったという。そしてこの噴火を最後に、富士山は沈黙する。

富士山の圧倒的な大きさの原因

4階建ての富士火山の体積は約550立方キロメートル。よく使われる喩えだと、東京ドーム44万杯分にもなるのだが、あまりに数字が大きすぎて実感が湧かない。こんな喩えはどうだろう？　富士山を全部崩してその土砂を使うと、瀬戸内海の半分以上を埋め立てることができるはずである。確かにこの山は、私たちが目にする列島の火山の中では断トツの大きさである。例えば、雄大な八甲田山や榛名山でも180立方キロメートル程度である。そして多くの火山は、100立方キロメートルに満たない。

富士山のこの圧倒的な大きさの原因は何なのだろうか？

この問題は多くの専門家を悩ませてきた。国内で「プレートテクトニクス」の重要性をいち早く認識した一人である地理学者の貝塚爽平氏は、富士山が特異な場所にあることに注目した。この辺りは、伊豆半島を含む「伊豆・小笠原弧」が、本州にぶつかっている

「衝突帯」なのだ（図2-3Ⓐ）。

伊豆・小笠原弧は、太平洋プレートがフィリピン海プレートの下へ沈み込んでできた火山列島である。この火山列島を載せたフィリピン海プレートは、北西方向へ年間数センチメートルの速度で移動し、南海トラフ、駿河トラフ、相模トラフから本州の下へと潜り込んでいる（図2-3Ⓑ）。トラフは、海溝とでき方は同じであるが、やや浅く幅広の窪地をさす。

この辺りの地質構造を調べると、駿河トラフと相模トラフの延長と考えられる逆断層が陸上に見つかる（図2-3Ⓐの①）。またもっと内陸側にある逆断層（例えば②）は、かつての駿河トラフと相模トラフに相当すると考えてよい。すなわちこの地域では、フィリピン海プレートの北上によって、伊豆・小笠原弧がギュウギュウと本州に食い込んでいるのだ。

フィリピン海プレートは、南海トラフや相模トラフから本州の下へと沈み込んでいるのだが、いわばプレート上の突起物である伊豆・小笠原弧は、おいそれとは沈み込めない。そのために衝突してしまうのだ。

このように、2枚のプレートが重なるように沈み込んでいて（図2-3Ⓑ）、火山列島が衝突しているこの辺りは、確かに地球上でも特異な場所である。

しかし、このことと巨大な火山の誕生との因果関係については、貝塚氏も答えを出せな

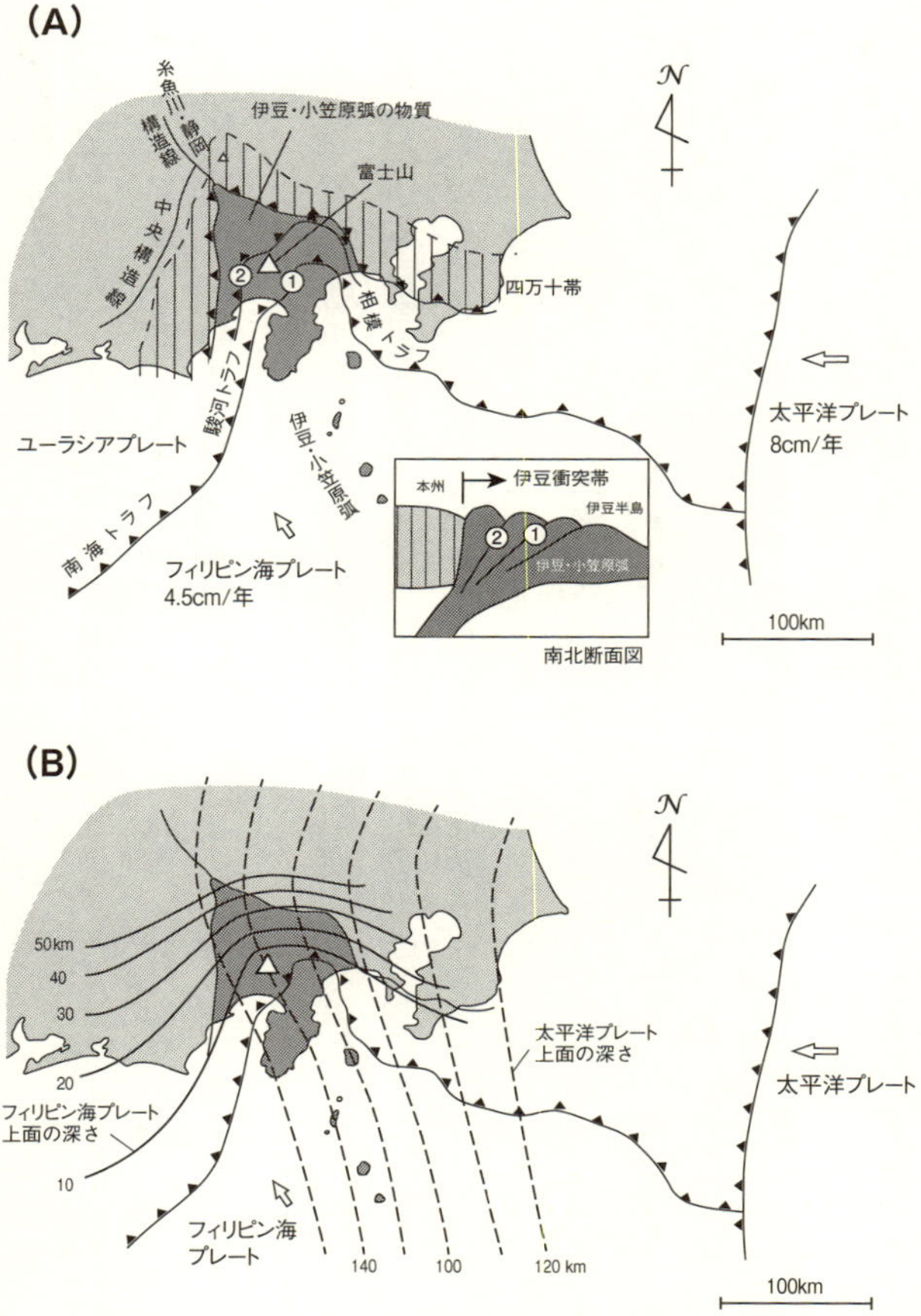

［図2-3］富士山周辺の地質構造とプレートの様子。(A) 伊豆・小笠原弧が本州にぶつかっている伊豆衝突帯、(B) 富士山の地下に重なるように沈み込む太平洋プレートとフィリピン海プレート。

かった。

その後、伊豆半島の衝突のせいで富士山の地下ではフィリピン海プレートの沈み込み角度が変化することに注目した研究者もいた。このような状況では、東側（相模トラフ）と西側（駿河トラフ）では比較的急角度で沈み込むプレートが富士山の下で裂けて、それが原因でマグマが発生しやすくなるというのだ。

もちろん、伊豆・小笠原弧、または「富士火山帯」の火山では、基本的には太平洋プレートの沈み込みによってマグマが発生する。しかし富士山では、これに加えてプレート断裂の効果が加わるために、マグマの量が異常に多くなるという。

なかなか魅力的な説ではあるが、プレートが裂けるとなぜマグマの量が多くなるのかは、私にはよく解らない。そして何より、最近の地震観測の結果によると、富士山の下でもフィリピン海プレートは連続しており、決してここで裂けていることはなさそうである。巨大火山富士山誕生の謎は深まるばかりだ。

富士山を遥かにしのぐ、海底火山

そこで原点に立ち戻って、富士山が本当に特別に大きな火山であるのかどうかを見直すことにしよう。そう、日本列島の火山は、陸上だけではなく海域にも多く分布しているのだ。

伊豆半島から南には「富士火山帯」に属する海底火山が点在し、既に火山島となった所もあるし、先の西之島新島のように、ひょっこり顔を出したりする。

そして驚くなかれ！　これらの海底火山の中には、富士山を遥かにしのぐ超巨大火山がいくつもあるのだ（図2-4）。

この図には、日本列島の110の活火山（約1万年前以降に活動した火山）とその体積が示してある。実は日本最大の火山は富士山ではなく、東京の南約1130キロメートル、小笠原諸島父島の南南西に位置する、噴火浅根火山（北硫黄島）なのである。

周囲の深海底から聳え立ち、その体積は富士山の6倍にも達する。仮にこの火山が陸上にあるとしたら、その裾は富士山の約2倍、高さはなんと5500メートルにも達する。

さらに、硫黄島の周辺には他にも超巨大火山が密集しているし、もっと本州に近い伊豆諸島にも、三宅島などの巨大な火山が数多く存在している。

一方で、中部・関東・東北・北海道を走る火山帯にある火山は、その大きさだけを見ると、総じてショボい。

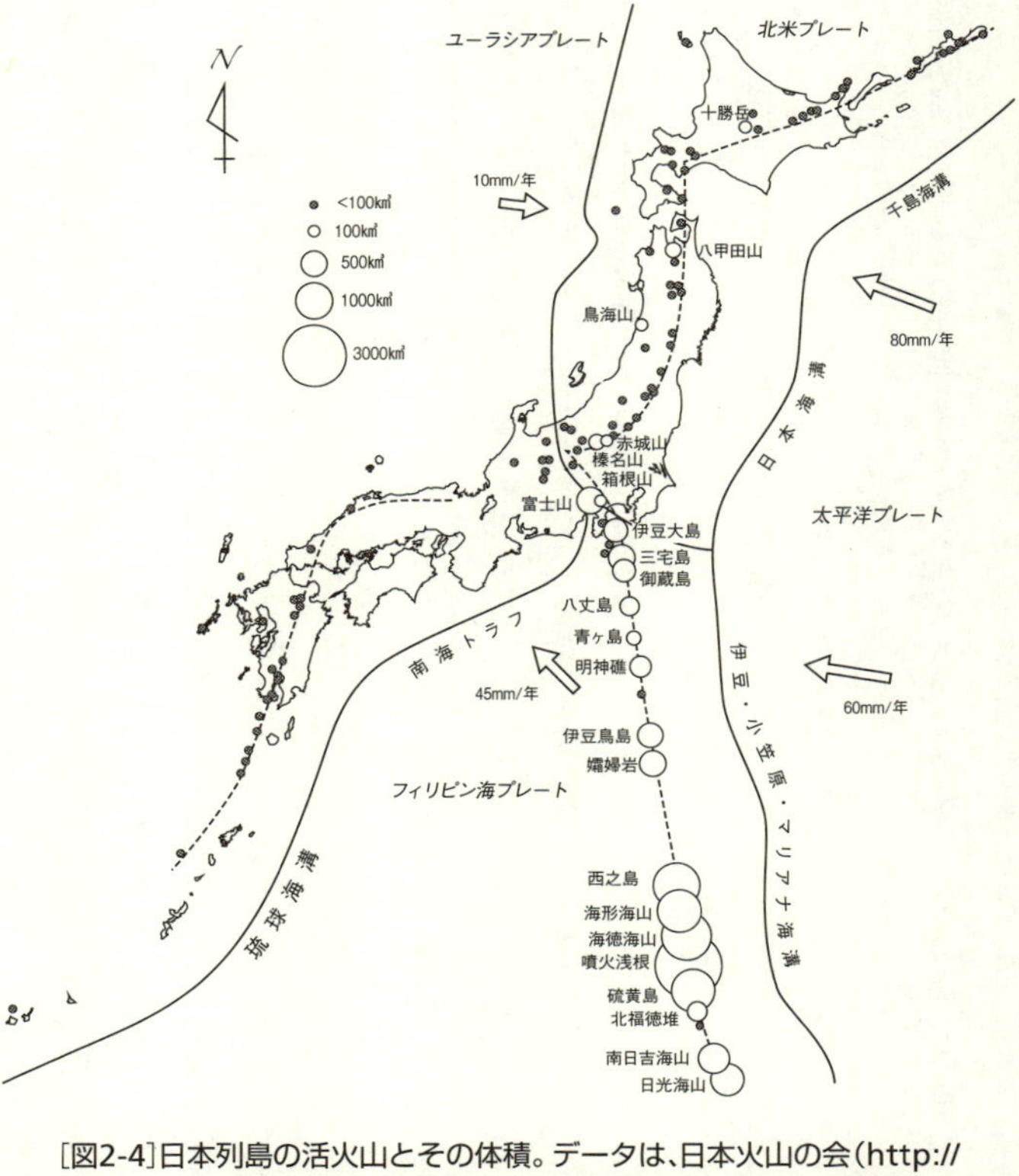

[図2-4]日本列島の活火山とその体積。データは、日本火山の会（http://kazan-net.jp/kazandata/kakazanvolumetable.htm）に基づく。

図2-4では、体積が100立方キロメートルを超える火山には名前をふってあるのだが、関東~北海道では、赤城山、榛名山、鳥海山、八甲田山、十勝岳の5つがかろうじて100立方キロメートルを超えるだけである。結局のところ、確かに富士山はごつい火山ではあるが、それは富士火山帯に共通の特徴のようだ。富士山だけが特別な山ではなさそうである。

なぜ富士火山帯に巨大な火山が多いのか

ではなぜ富士火山帯には巨大な火山が多いのだろうか?

富士火山帯と他の火山帯を比較すると、地殻の厚さとその性質、特に重さが決定的に違う。地殻とは固体地球の表面、つまり殻の部分であるが、これはその下に広がるマントルが融けてできたマグマが冷え固まったものである。富士火山帯直下の地殻は薄くて(20キロメートル以下)比較的重い岩石(密度2・9)でできている。

一方本州では、30キロメートル以上のぶ厚い地殻を軽い岩石(密度2・8)が作っている。

このような性質の違う地殻に対して、地球時間では水のように流れる性質を持つマント

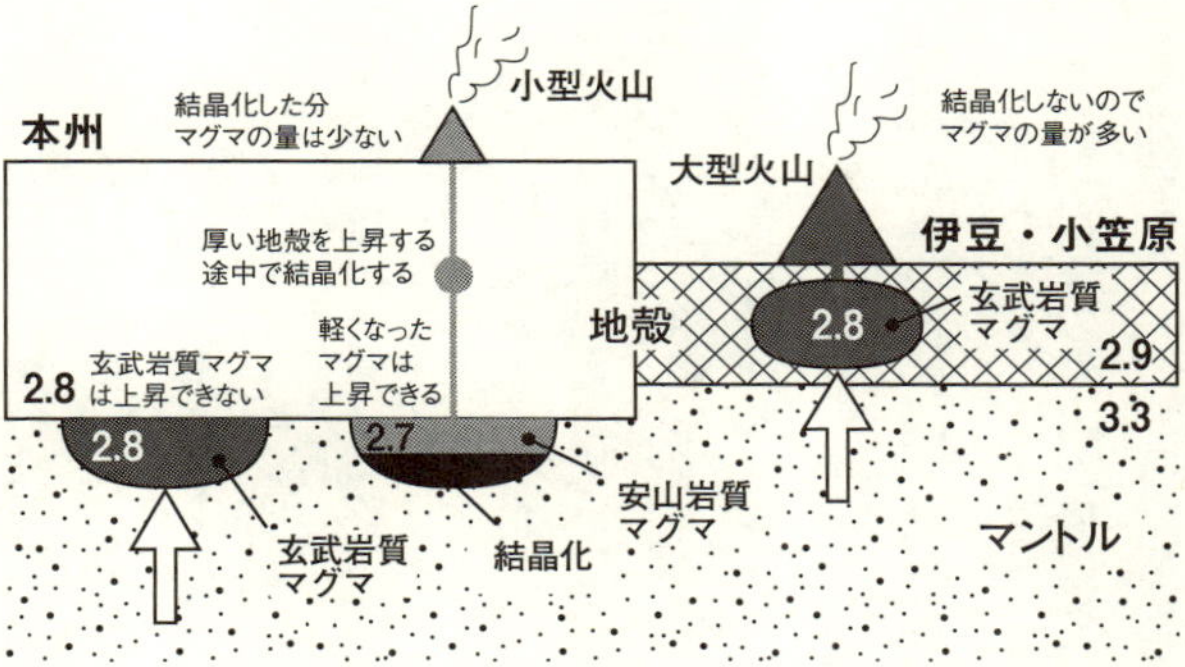

[図2-5] 富士火山帯（伊豆・小笠原地域）に巨大火山ができるメカニズム。数字は密度（g/cm^3）を示す。

ルの上に軽い地殻が浮くという「アルキメデスの原理」と「アイソスタシー」（図2-1）が働いているのだ。その結果、本州は盛り上がって陸地となっているのに対して、伊豆半島から南ではまだ地殻は殆ど海中にあり、一部の火山が海面上に顔を出している。

本州では、地殻の底付近にあるマグマ溜まり内の玄武岩質マグマは、周囲の地殻とほぼ同じ重さなので、そこからは上昇できない（図2-5）。すると、マグマはだんだんと冷えて結晶化してゆく。結晶はマグマより重いので沈んでしまって、その分だけ液体の量は少なくなる。

同時に、軽い成分である二酸化ケイ素が増えるために液体部分は軽くなる。これが、安山岩質マグマだ。

安山岩質マグマの比重は２・７、つまり地殻より軽いために、再び地表へ向かって上昇することができる。しかしこの時に地殻が厚いと、長い道のりを経て地表まで達することができるマグマはさらに少なくなってしまう。

従って、軽くて厚い地殻においては、マントルでできたマグマの大部分は地殻の中で結晶の集合体として固まってしまい、地表へ到達するマグマの量はずっと少なくなる。つまり、それほど大きな火山はできない。

一方、地殻が重くて薄い伊豆・小笠原弧（富士火山帯）では、親マグマ溜まりの玄武岩質マグマは地殻より軽いために地殻の中で上昇しやすく、多量のマグマが地表（海底）に達することができるのだ。

この地殻の性質は、簡単に言ってしまうと、その年齢、古さによって決まる。

伊豆・小笠原弧の地殻の形成は、たかだか５０００万年前に赤道付近で突然起きた火山活動が始まりである。その後フィリピン海プレートの北上に伴いどんどんと日本列島に近づいてきたのだ。

つまり、この火山列島はまだ誕生後間もない若いもので、このマグマの活動で作られている地殻も新しいものである。

一方、本州の地殻はアジア大陸から分離して太平洋へとせり出してきたものなので、ずっと古くて成熟しているのだ。

プレートの沈み込みによって発生するマグマが固まって作られる地殻は、最初は玄武岩質で重くて薄いが、引き続いて起こるマグマの活動によってだんだんと安山岩質となり、軽くて厚い大陸地殻へと変化する。これが地殻の進化、または成熟化である。

実は、この地殻の進化こそが太陽系惑星の中で唯一大陸を持つ星、地球を生んだのだ。他の惑星には安山岩質の地殻はなく、表面を覆う地殻はほぼ玄武岩質である。

この違いは、地球だけが「プレートテクトニクスの星」であることに原因がある。このあたりの話は、別の本（『なぜ地球だけに陸と海があるのか』〈岩波科学ライブラリー〉）で詳しく述べてあるのでお読みいただきたい。

人はなぜ富士山を美しいと感じるのか

古来代表的な歌枕の一つであった富士山。この山の気高いまでの端麗な姿は、日本人だけでなく多くの外国人をも魅了してきた。

かのラフカディオ・ハーンは「これこそは日本の国の最もうるわしい絶景、否、まさしく世界の絶景のひとつだ」と感嘆した。またフランスの詩人ポール・クローデルはこの山を、「自然がその『創造主』のためにうちたてたもっとも雄渾《ゆうこん》偉大な祭壇」と賞賛した。

富士山を美しいと感じる理由は、主に4つあると言われている。

まず、均整のとれた円錐形をしていること。加えて、裾の広がりは安定感と優しさを与えるようだ。それに、独立峰であることも凜とした美しさには欠かせない要素だ。また、頂上付近の積雪の白と黒い山体とのコントラスト、それにそれらのバランスも絶妙である。

これらの内最初の2つは「成層火山」と分類される火山に共通のものである。

これは、基本的に一つの火口から、繰り返し溶岩流や噴石を出すことで、いくつもの層が重なって山体を作るタイプの火山である。確かにこの種の火山は円錐形を呈し、そのことから○○富士と呼ばれることも多い。

もちろん、このような地方富士がすべて成層火山であるわけではないことにもご注意いただきたい。有名どころでは、近江富士（三上山、432メートル）や讃岐富士（飯野山、422メートル）は、なるほど優美な山でありしかも火山関係の山ではあるのだが、いずれももっとずっと古い時代のものである。

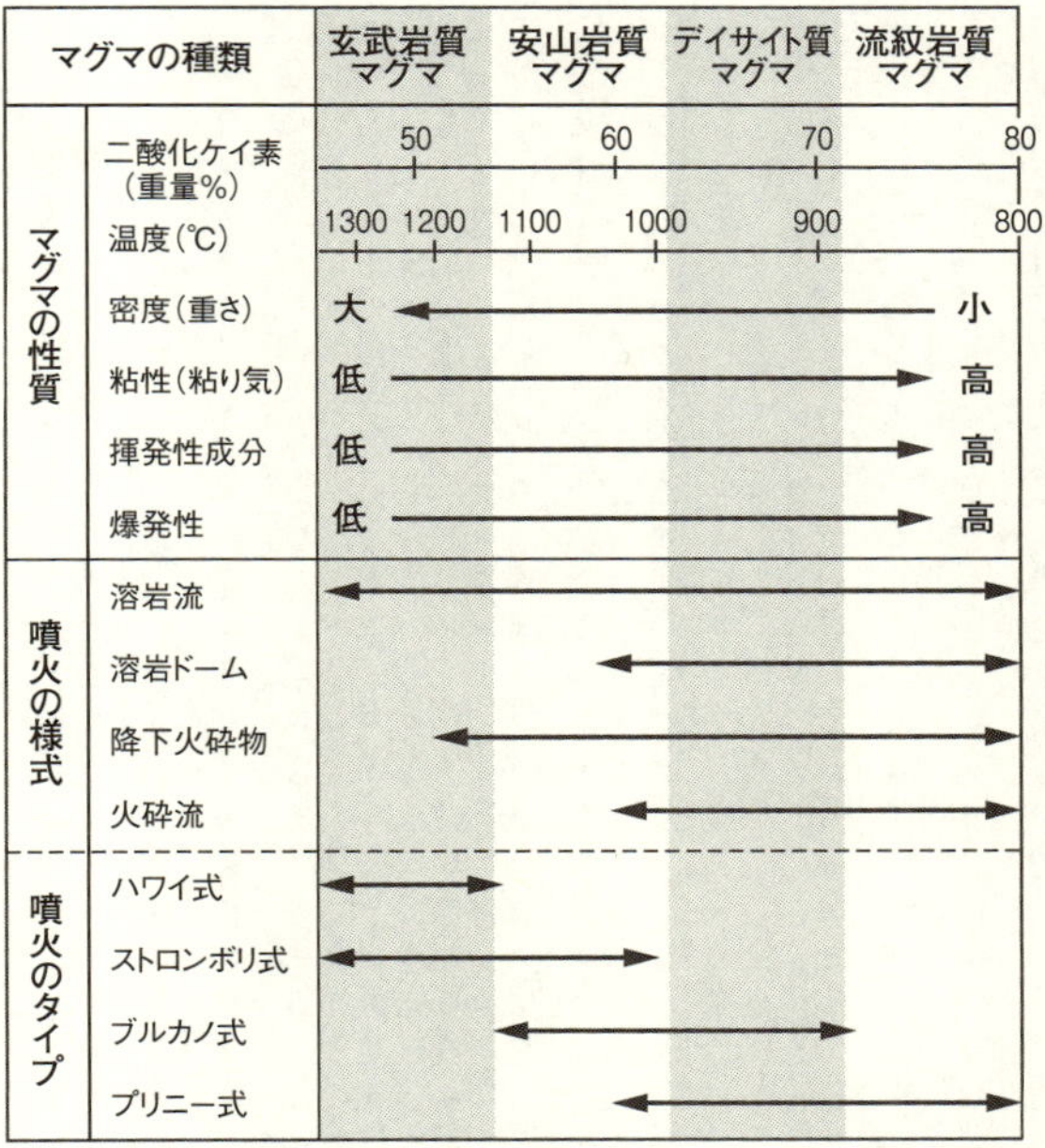

[図2-6] マグマの種類とその性質、噴火の様式

多様な噴火様式

それでは、もう少しマグマ学的な視点で、富士山の美しさを再確認してみよう。そのためには、少しだけマグマの性質についての予備知識が必要だ（図2-6）。

そもそもマグマとは、地球内部の岩石が融けたものである。灼熱のマグマが火山から噴き出して冷え固まった岩石を「火山岩」と呼ぶ。火山岩には黒っぽいものから白っぽいものまであるが、これは石を構成する主要な成分である二酸化ケイ素の量によって変わる。そしてこの二酸化ケイ素の量に基づいて、玄武岩、安山岩、デイサイト、流紋岩に分かれる（図2-6）。

重さを比べると、玄武岩が一番重く、他の成分に比べて軽い二酸化ケイ素成分が多くなると岩石もだんだんと軽くなる傾向がある。

このようなマグマが噴火する際の激しさ、つまり爆発性は主にマグマの粘り気（粘性）と水などの揮発性成分の量によって決まると考えてよい。

高温で二酸化ケイ素に乏しい玄武岩マグマは粘性が低くてサラサラで、揮発性成分の量も一般的に少ない。従ってあまり爆発的な噴火は起こさずに、溶岩流として川のように流れる場合が多い。最も典型的な例はハワイ島の火山であろう。キラウエア火山から流れ出した溶岩流は村を飲み込む等の被害を出してはいるが、溶岩流のすぐ傍まで近づくこともできる。

それに対して、二酸化ケイ素の量が増えると粘り気が強くなる上に揮発性成分も多く含まれる傾向がある。従って、このようなマグマは爆発的な噴火を起こして、火山灰をまき散らしたり危険な火砕流を出したりする可能性が高くなる。

流紋岩質のマグマでも、揮発性成分が効果的にマグマから抜け去った場合には、溶岩は粘り気が高いために、ドーム状の山を作ることがある。雲仙普賢岳や昭和新山はこのようなドーム状の火山である。

このように多様な噴火様式は、それが典型的に起こる火山の名前をとって呼ばれる。大量のサラサラした溶岩流を流す「ハワイ式噴火」、マグマのしぶきを噴き上げる「ストロンボリ式噴火」、爆発的な「ブルカノ式噴火」、巨大噴煙柱を立ち上げる「プリニー式噴火」などである（図2-6）。

例えば1986年の伊豆大島三原山の噴火や富士山貞観噴火がストロンボリ式、桜島や浅間山の噴火は多くがブルカノ式である。プリニー式噴火では、噴煙柱の高さは20キロメートル以上にもなることがある。

ちなみに、ストロンボリ島とブルカノ島はシチリア島の北の地中海に浮かぶ火山島。プリニーの名はヴェスヴィオ火山の噴火に遭遇した、古代ローマの博物学者の名に由来する。西暦79年、あのポンペイの悲劇を起こしたヴェスヴィオ火山の噴火が起きた。この噴火の調査に赴いたプリニウスは、友人の救出に向かったが、その途中で火山灰と火山ガスによる呼吸困難で亡くなったと言われている。

ストロンボリ式噴火を繰り返した富士山

富士山が端正な容姿となった最大の原因は、そのマグマの種類にある。

日本列島の多くの火山は、安山岩質やもっと二酸化ケイ素成分の多いデイサイト質のマグマが多いのだが、富士山は圧倒的に玄武岩質の山なのである。

72ページで述べたように、これは富士山のみならず薄く未熟な地殻の上に作られている富士火山帯の火山に共通の特徴である。

氷河期にぐんぐん成長した古富士火山は、頻発した土石流によって雄大な裾野を持つようになった。この山体を覆うように成長した新富士火山は、山頂付近の火口でストロンボリ式噴火を繰り返し、玄武岩質の溶岩流が山体をコーティングしていったのである。また、マグマのしぶきが山頂付近にぺたぺたとくっついて、これが山頂へ至る急傾斜の美しい斜面を作った。このような噴火を繰り返すことで、綺麗な円錐形の山体が出来上がった。

しかし実は、富士山はシンメトリックからややずれている。例えば標高1000メートルを超える部分の山体も、溶岩流や土石流の広がる裾野の形も、北西から南東方向に伸びた形をしている。美男美女の絶対的条件は、顔の対称性だという。しかし、例えば髪をサイド分けにすることで、より個性的かつ印象的になることも確からしい。同じように、少

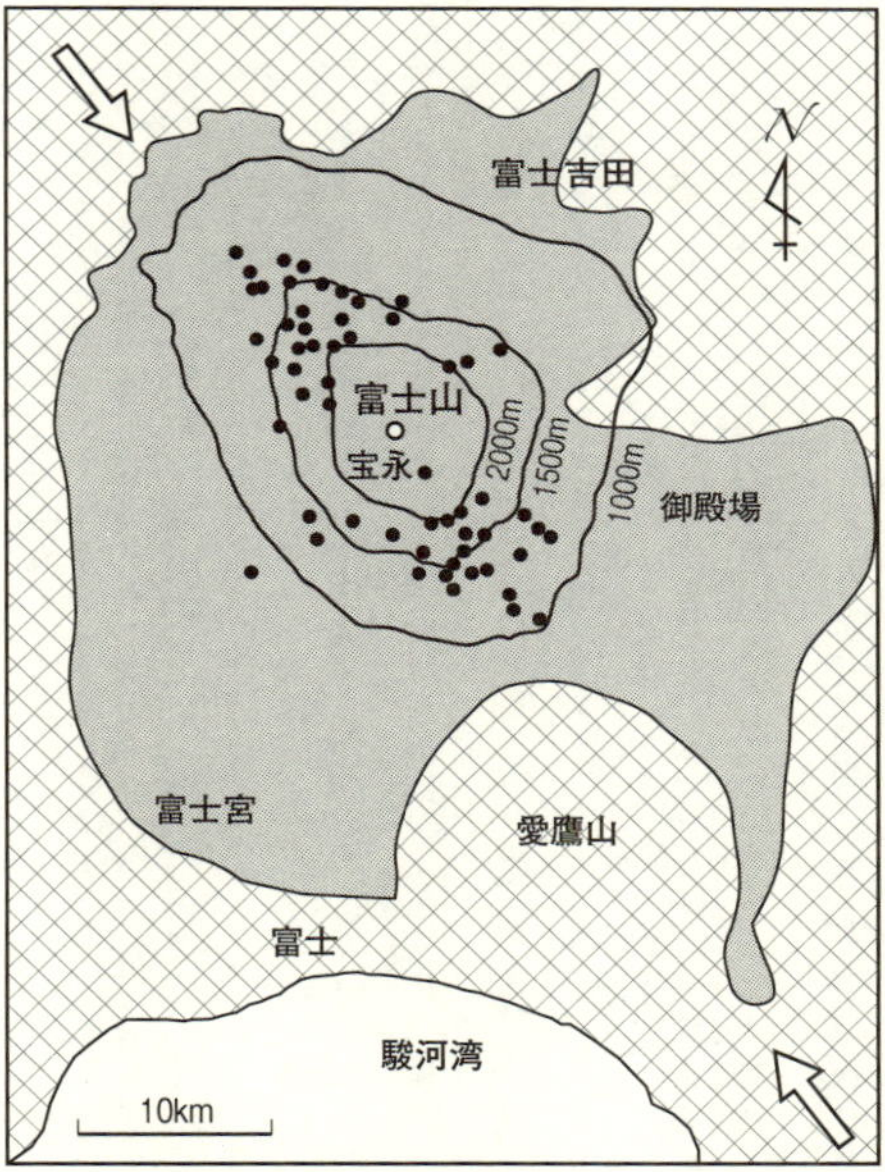

［図2-7］富士山側火口の分布（黒丸）とフィリピン海プレートの沈み込みによる圧縮方向（白矢印）。

し伸びた形の裾野を持つことが富士山の美しさを引き立てている。

富士山がこのような形をしている理由は、山頂の火口からだけではなく山腹の側火口でも噴火を起こしてきたことにある。実際、約２２００年前の山頂火口からの噴火を最後に、40回以上の噴火はすべて山腹に開いた新たな火口（側火口）で起こったものだ。

図２-７に示すように、１７０７年に噴火した宝永

火口も含めて、富士山の側火口は山頂を挟んで北西から南東方向に並んでいる。これらの側火口や、この方向に開口した割れ目から溶岩を流出することで、山体全体が北西から南東方向に伸びたのである。

このような富士山の形や火口の配置の特徴は、富士山の地下では北西から南東方向に割れ目が発達しやすく、その割れ目を使ってマグマが上がってくると考えるとうまく説明できる。

この割れ目の方向は図1-8と見比べると判るように、フィリピン海プレートが沈み込む方向と一致する。すなわち、この辺りの地盤はフィリピン海プレートによって押され続けた結果、北西から南東方向に亀裂ができやすい状況にあるのだ。この割れ目が発生するメカニズムは、図1-7(2)に示したものと同じである。

火山噴火の前兆現象とは

富士山はもちろんバリバリの現役活火山である。ということは、明日にでも300年の沈黙を破って活動を開始してもおかしくない。いやむしろ、この山は将来必ず噴火すると心得るべきである。

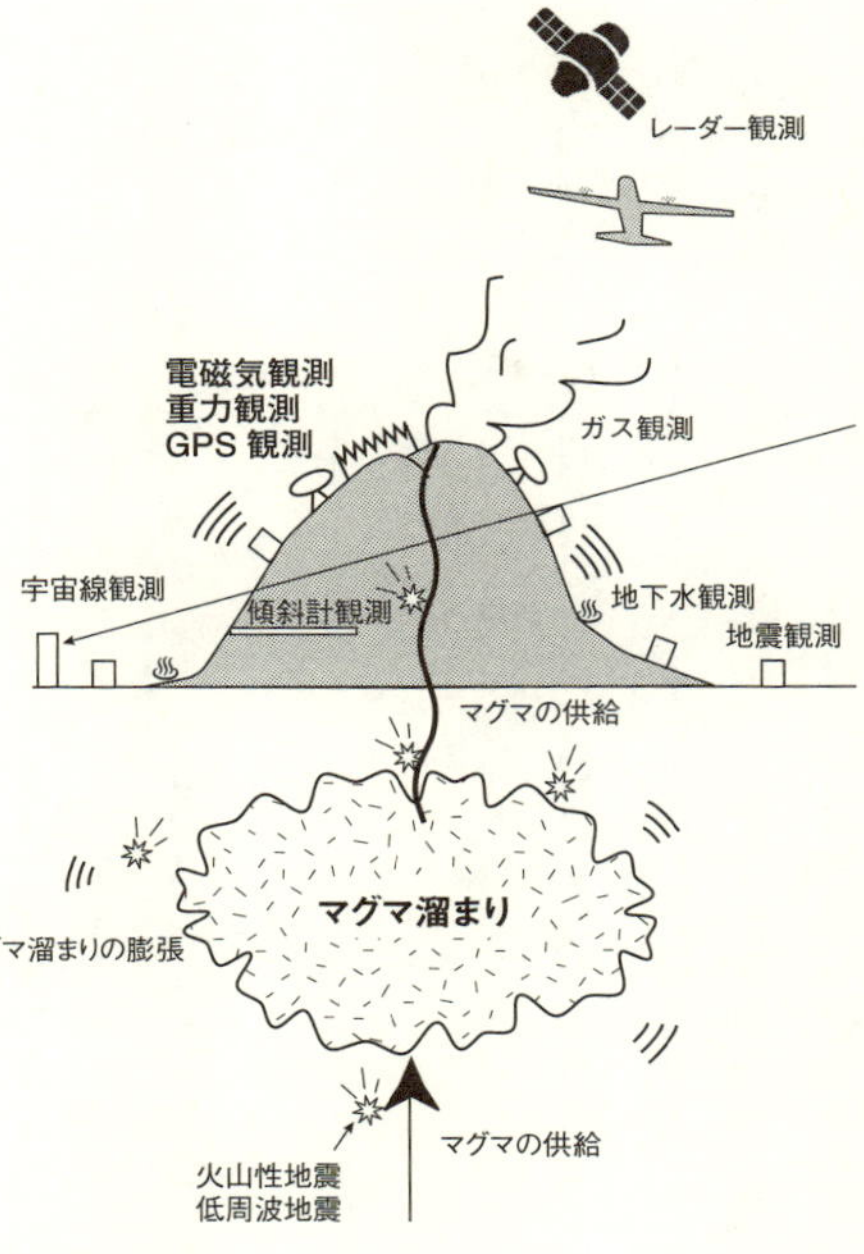

[図2-8] 火山噴火の観測

前兆現象を検知して地震発生の時期を予知する、いわゆる地震予知は残念ながら現状では不可能だ。科学的に確かな前兆現象が認められないからである。

しかし火山噴火は、観測で前兆現象を捉えることができる場合がある（図2-8）。

地下でマグマの活動が活発化すると、低周波地震や火山性地震などの特徴的な地震が起きたり、火山ガスの量や成分が変化する場合がある。

また、熱いマグマが上昇することで山体が膨張したり、重力や磁場の異常が発生することもある。最近では、人工衛星に搭載した合成開口レーダーで地表面を測量して数センチメートル程度の山体膨張を捉えることもできるようになってきた。

さらには、宇宙線起源の「ミューオン」と呼ばれる放射線を観測して、火山直下のマグマの動きを透視しようとする試みも行われている。

このような火山観測を駆使することで、噴火を予知することに成功した例を挙げておこう。

それは、2000年の北海道有珠山西山噴火である。

有珠山は、約11万年前にできた洞爺カルデラの南に1万〜2万年前から活動を始めた活火山である。初期の活動で玄武岩〜安山岩の溶岩流や火山弾・火山灰を噴出して成層火山を形成し、今からおよそ7000年前に、山頂部での爆発により山体が崩壊した。この際に崩壊した山体は岩屑《がんせつ》なだれとなって噴火湾へ流れ込んだ。

2000年3月27日の午後、火山性地震が頻発し始め、翌日までに100回を超えた。同時に地殻変動も活発化した。過去の経験から、この様な異変の2〜3日後に噴火が起きることが予想された。そこで29日に北海道大学が噴火が始まる可能性が高いと発表した。

これを受けて自治体は避難勧告・避難指示を出し、1万人以上の住民が避難した。そして実際に、3月31日に噴火が始まり、その噴煙は高さ3500メートルにも達した。

このような速やかな対応が功を奏して、一人の犠牲者も出すことはなかった。

だが、このように噴火予知が成功した場合でも、それは短期的な、もしくは直前の予知に限られることを、しっかりと覚えておいてほしい。つまり、観測データに基づいて何年も前に噴火を予知すること、いわゆる中長期噴火予知は現状では不可能なのである。

火山ごとに噴火の個性が違う

さらにもう一つ、噴火予知が困難な理由がある。

それは、火山ごとに噴火に個性があることだ。つまり、有珠山での経験は他の火山には通用しないのである。

有珠山で噴火予知が成功した最大の理由は、ここには火山観測所があり、長年にわたりこの火山に寄り添って体調を見続けてきた「ホームドクター」がいたことにある。

このホームドクターは、有珠山は数十年に一度の割合で噴火を繰り返してきたこと、噴火の数日前から特徴的な群発地震が発生することなど、この火山の体調変化の癖を熟知していたのだ。だからこそ、今後144時間以内に噴火が起きる可能性が高いと発表することができた。そして実際143時間後に噴火が始まったのだ。

しかし、このような手厚い常時観測がなされているのは、110ある日本の活火山の中で、浅間山、草津白根山、阿蘇山、雲仙普賢岳、桜島など数えるほどしかない。

日本のような火山大国では、毎日火山と顔を合わせながらその息づかいを見守る体制が絶対に必要である。にもかかわらず最近では、火山観測に関する予算の削減によって、観測業務の効率化の名の下に専門家が常駐する観測所はどんどんと少なくなってしまった。

このような悪い流れは、近年盛んに大学にも導入されるようになった、業績主義が拍車をかけているといえよう。多くの大学が、教官の業績を論文の数だけで評価するようになり始めたのだ。

火山の個性を理解するには、チャラチャラと論文を書くより、何十年も我慢強く真摯に火山と向き合うことの方がずっと大切だ。こんなことも理解できずにありきたりの方法で評価を行うなど、最高学府にあるまじき下品な行為である。

こんな状況であるにもかかわらず、いやむしろこんな現状だからこそ、果敢にも（？）

富士山の噴火を予知する「専門家」が現れる。そして一部のマスコミはそれを大々的にとりあげ、その結果迷える人たちは動揺するのである。

富士山噴火の予言の嘘

ここでは、最近最も世間の注目を集めている富士山噴火の予知を科学的に検証してみることにしよう。琉球大学名誉教授のある専門家は、２０１７年から前後５年の間に、富士山は噴火すると予言している。その根拠と方法は次のようなものだ。

①地震発生の前には、「地震の目」が出現する。
②地震の目とは、地震の空白域の内側に小地震が多発する領域（目玉）が現れる現象をさす。
③地震の目が出現すると、その後25〜30年の間に、大地震が発生する。
④この方法で、３・11などの地震予知に成功した。
⑤日本列島には、地震と火山が集中する。従って、地震の発生と火山の噴火は同じメカニズムで起こる。

⑥活火山の直下でも、地震の目と同じような地震活動の推移が認められる。これを「噴火の目」と呼ぶ。
⑦富士山では1987年に噴火の目が出現した。従って、富士山噴火は2012〜2022年の間に起こる。

①〜③については論文として公表されていない。これらの事象を予知に適用するのであるならば、この「法則」が普遍的に成り立つかどうかをきっちり議論する必要がある。そしてそのデータが正確で、ある程度論理的であると認められて初めて、論文として公表されるのだ。つまり、論文として発表されていない「地震の目」という現象とその応用は、まだ科学的にその可能性すら認められたものではないのである。この専門家が勝手に「法則」だと思い込んでいるだけである。先日、あるテレビ番組でこの点を指摘されたときにこの専門家は「『Nature』に書いています」と答えていたが、これは事実ではない。

さらに④の、3・11の予知に成功したというふれこみにも、普通の科学者は大いなる違和感を持つだろう。もともとこの専門家は2007年の学会で、彼の「地震の目」理論に基づき、2009±5年に、東北沖でM8クラスの海溝型地震が発生すると発表したようだ。

しかし、2010年2月の彼のブログでは、この予知は削除されていた。それにもかかわらずあの3・11発生後、この巨大地震の予知に成功したと、自らもそして一部のマスコミも吹聴している。

次に⑤についてであるが、これはあまりにも短絡的である。とてもプレートテクトニクスの専門家を自認する学者の説とは思えない。

日本列島の火山活動またはマグマの発生と地震活動は、確かにプレート運動の結果である。しかし、だからといって両者が同じメカニズムで起こっているわけではない。

地震はプレートの運動によって地盤に溜まった歪みが断層運動として解放される現象だ。一方で噴火は、マグマ溜まり内の発泡現象がきっかけとなる。

第1章で述べたように、発泡現象が地震によって引き起こされることもあるが、あくまで地震と噴火は別々のメカニズムで起きる。だから、③の地震発生に関する数値を⑦で火山噴火に適用することには、何ら科学的根拠はない。

もちろん⑥と⑦についても、論文として公表されておらず、彼の著書を何度読み返してみても、噴火の目とマグマ活動の関係が明瞭に示されていない。

例えば、富士山直下のマグマ溜まりは太平洋プレートの沈み込みによって東西方向に強い圧縮を受けて、マグマを絞り出すとしているが、この考えは、先に示したフィリピン海プレートの圧縮による側火口分布(図2-7)や、静岡県東部地震のメカニズム(南北圧縮、東西引っ張り)、それに図1-8の地盤の変形の様子と矛盾する。

もうお解りになったであろう。2017±5年富士山噴火説には、何ら科学的な根拠はないのである。

ところで、この専門家が折に触れて述べていることがある。今の日本では、研究者が様様なしがらみにとらわれて自由に発言できない、これは極めてよろしくないというのだ。

もしそんな状況があるのならばそれは大問題だ。学会や大学、それに研究室では、自由に自分の意見を述べることができなければいけない。しかしだからといって、自由と無責任を混同してもらっては困る。

もちろん、予言された期間に、富士山が活動する可能性はある。しかしそれはたんに確率の問題であって、たとえ噴火が起こってもこの専門家が予知したことにはならない。

今、確かに言えることは、富士山はいつ噴火してもおかしくない活火山であり、その上に3・11が引き起こした異常応力状態にある地域に位置するために、噴火が誘発される可能性もあることだ。つまり、日常的な噴火に加えて超巨大地震が誘発する噴火の危険性も重なっていることになる。ただ現時点では、中長期的にいつ噴火するかは予測することはできない。

富士山噴火ハザードマップ

活火山である富士山の地下には生きたマグマが存在しており、いつ噴火しても不思議でない。

残念ながらいつ噴火するかは判らないが、では、もし噴火が起こった場合にどのように溶岩が流れ、どの範囲にどれくらいの火山灰が降り注ぐのか？ ３００年の長きにわたり沈黙を保つ富士山は、日本列島最大の人口密集域にも近い場所に位置している。

これらのハザードを可能な限り正確に予想しておくことは、火山大国日本に暮らす私たちにとって必須のことである。

このような理由で、富士山噴火については、その筋の専門家が集結し、恐らく日本中の火山の中で最も精度の高いハザードマップが作られた（図2-9）。

この報告書は、ネットで「富士山」「ハザードマップ」で検索すると簡単に入手できる。

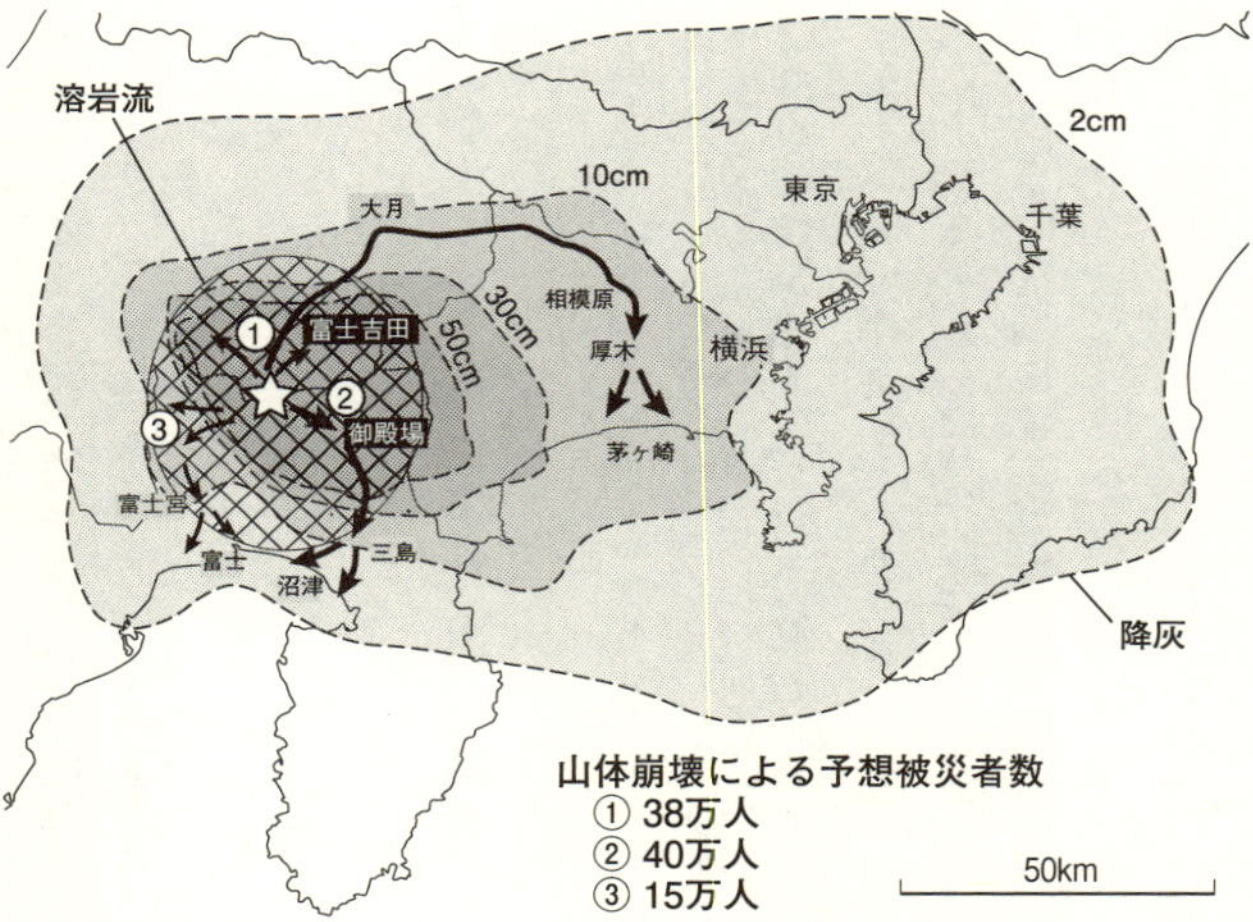

［図2-9］富士山噴火のハザードマップ。溶岩流、降灰については、富士山ハザードマップ検討委員会報告書に基づく。山体崩壊については、静岡大学小山真人さんの推定による。

少々長くて困るという方には、「要旨」も併せて検索するとダイジェスト版が用意されている。

このハザードマップで想定しているのは、一番最近かつ歴史上最大規模の噴火の一つであった1707年の宝永噴火である。この噴火で噴出されたマグマは約0・7立方キロメートル、黒部ダムの貯水量の3倍にも及んだ。

富士山の場合、山頂の火口から噴火が起こるとは限らない。図2-7にも示したように、北西から南東方向に走る割れ目に沿った側火口から噴火が始まる場合も多い。ハザードマップではこのような場合も想定して溶岩流の最大到達範囲や降灰の影響を示している（図2-9）。溶岩流は、1日から1週間程度で図に示した範囲に到達する可能性が高い。南東斜面で噴火が起きた場合には、沼津市の海岸にまで溶岩流が達するようだ。

しかしこの想定噴火で最も影響が大きいのは降灰である。

宝永噴火は半月ほど断続的に続き、噴煙は最高10キロメートル以上まで立ち上った。江戸でも多い所では数センチメートルもの火山灰が降り積もった。

このような噴火が起きる火口の位置や年間の風向や風速を考慮して作成された降灰マップが図2-9である。富士山近傍では50センチメートル、横浜から町田、八王子あたりでは10センチメートル、23区内から千葉、さらには房総半島の大部分でも数センチメートルの降灰が予想される。

火山大国であるわが国でも、日常的に噴煙を噴き上げる桜島周辺を除くと、このような降灰の被害を被ることは稀である。

しかし、気象庁がまとめた降灰による被害予想（図2-10）と、先の富士山噴火による降灰マップを見比べると、首都圏の混乱は明らかである。家屋への直接的な被害は免れるとしても、少なくとも一部の地域ではライフラインが一時ストップする可能性が高い。関東地

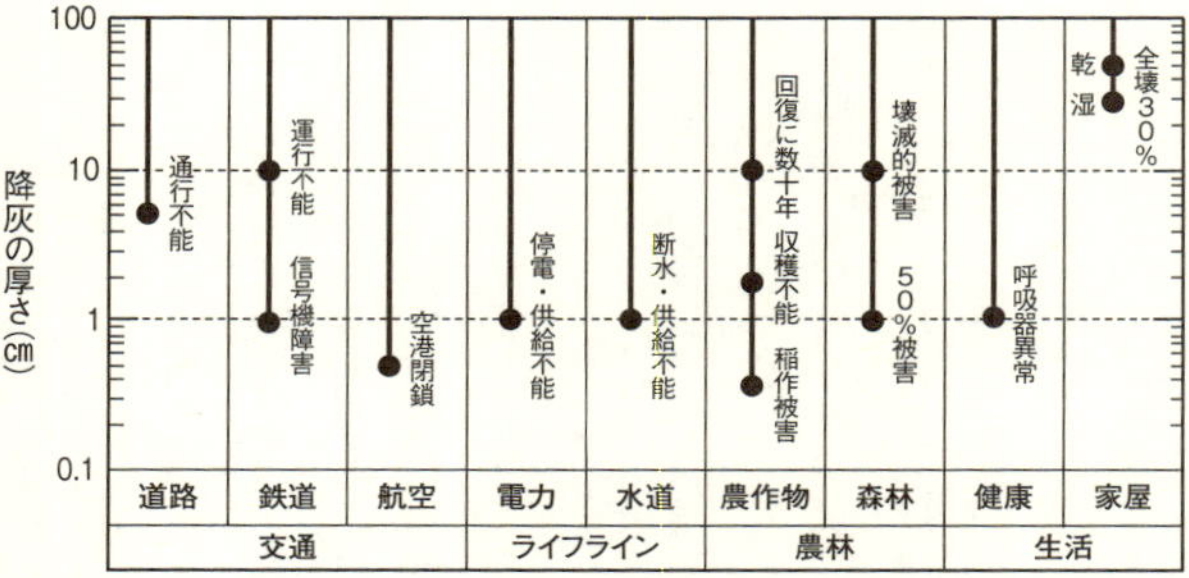

［図2-10］降灰による被害予想。平成24年7月5日開催の「降灰予報の高度化に向けた検討会」（気象庁）の資料に基づく。

方の東名高速や中央道は通行止めになるし、首都圏の一般道路も除灰なしには使い物にならない。

また、羽田空港は恐らく確実にマヒするに違いない。その他にも、火山灰が鋭い割れ目を持つガラス質の物質であることを考えると、江戸時代もそうであったように、呼吸器障害等の健康被害も心配である。もちろん、細粒の火山灰によるコンピュータなどのハイテク機器の作動不良も懸念される。

しかし、これらの被害の多くは備えをすることで相当部分は解消できるし、速やかな回復も可能である。世界で最も万全の水害対策を講じることに成功しつつある首都東京である。必ず起こる降灰災害に対しても、綿密かつ大胆な対策が望まれる。

山体崩壊という、「想定外」の巨大災害

火山が噴火すると、多くの場合マグマが地表へ噴出する。従って噴出するマグマの量が多いほど大規模な噴火となり、その結果災害も大きくなる。

その一方で、全くマグマの噴出がないにもかかわらず、噴火に先立って大規模な火山災害を起こす現象がある。「山体崩壊」と、それによって発生する「岩屑なだれ」だ。

１９８０年の米国西海岸のセント・ヘレンズ山が崩れ去る様子は、ネット上の動画で見ることができる。また日本列島でも、１８８８年の磐梯山、１７９２年の雲仙眉山の崩壊などが比較的最近の大規模な山体崩壊の例である。

磐梯山崩壊では岩屑なだれによって北麓の村々が埋没し、５００人近い死者が出た。また後者では岩屑なだれが有明海に突入し、高さ10メートル以上の津波が発生した。これらによって約1万５０００人の犠牲者を出したと伝えられている。「島原大変肥後迷惑」と呼ばれる有史以来日本最大の火山災害である。

このような山体崩壊は、もともとの不安定な地形に加えて火山活動や熱水活動で緩んだ山体が、水蒸気爆発や地震によって一気に崩れるものである。

富士山でもこのような山体崩壊が幾度となく起こってきた。山体周辺の地層の中に岩屑

なだれの証拠が残っているのだ。例えば約2900年前の御殿場岩屑なだれや、約8000年前の馬伏川《まぶせがわ》岩屑なだれなどである。もっと古い時代にも山体崩壊は起こっていたようだが、発生時期がよく判っていない。

静岡大学の小山真人氏は、少なくとも1万年間に2回（御殿場および馬伏川岩屑なだれ）は起こっているので、富士山ではおよそ5000年に1回の割合で山体崩壊が起こると考えて備えるべきだと主張している。この推定は、富士山では過去2万3000年間に少なくとも4回の山体崩壊があったとする他の研究者の調査結果とも、ほぼ一致している。

一方で、山体崩壊は宝永噴火や貞観噴火のような溶岩流や火山灰の噴出を伴う噴火に比べると明らかに頻度は低い。そのためにこの火山現象は、富士山ハザードマップを作成する際に想定外となってしまった。

しかし、想定内の富士山噴火と比べると、山体崩壊の方が、遥かに多数の被災者を出す可能性が高い。すなわち、低頻度ではあるが高リスクの災害なのだ。これが小山氏の強調していた点である。

一般に（特に行政は）災害の頻度にばかり注目する。しかしそれでは、真の意味で防災・減災対策を講じることはできない。たとえ低頻度であっても、圧倒的に規模の大きな災害が予想される場合には、当然対策をとらねばならない。

ここで注意していただきたいのは、２９００年前の山体崩壊は噴火が引き金ではなかったことだ。火山災害というと、噴火に伴う災害を考えてしまうのが普通だが、そうではない巨大火山災害も存在するのだ。

富士山のような成層火山の山体内部は、地層面に沿って変質が著しく進んでいる部分がある。そんな状況で地震が起きたために、変質部分に重なる山体が崩れて岩屑なだれとなり、さらに二次的に泥流が発生し現在の小田原や沼津まで達した。

実際、地下構造探査によって、富士山の直下には深さ十数キロメートルにまで達する大活断層が走っていること、この活断層はＭ７クラスの地震を引き起こす可能性が高いことが明らかになっている。さらに富士山近傍には、南海トラフの延長と思われる断層がいくつも走っている（図2-3）。当然、これらの断層も地震を引き起こす可能性が高い。

つまり、富士山の山体崩壊に関してはいくら噴火に備えて観測を行っても、予測できないかもしれないのだ。もちろん地震を予知することは、現時点では不可能である。

山体崩壊によって発生する岩屑なだれと泥流の恐ろしさは、その規模の大きさである

（図2-9）。そして、東斜面、北東斜面、西斜面が崩壊した場合の岩屑なだれと泥流の到達範囲には、それぞれ38万人、40万人、15万人もの人々が暮らしている。

たとえ富士山が崩れたとしても、湘南海岸を泥流が襲うなんて、多くの人は想像すらできないだろう。しかしその可能性は十分にあるのだ。

その一方で、この低頻度高リスク災害についての減災対策はある程度可能である。泥流の拡大を抑えることと、人々の避難計画をきっちり立てることが最優先であろう。

まとめ

富士山は、日本を代表する活火山である。列島最高峰であるために、日本一の巨大火山だと私たちは思い込んでいるが、実は富士火山帯にはもっと巨大な火山がいくつもある。それでも、その容姿の端麗さや首都圏までの距離を考えると、やはりその活動、噴火は心配である。

活火山なので、当然いつ噴火しても不思議ではない。そのために、富士山の周辺には稠密《ちゅうみつ》な観測網が展開され、常時観測が行われている。何らかの異常が見出された時には公表されるはずである。

ただ、私たちは、まだ富士山噴火時に観測を行った経験がない。つまり、この活火山の「個性」を十分に把握していない。このこともあって、現時点ではいつ富士山が噴火するのかを予測することは極めて困難である。だからといって、無責任な似非《えせ》専門家による予知には決して惑わされてはいけない。

私たちがすべきことは、どのような噴火や災害が起こる可能性があるのかを、きちっと把握して、それに対して備えることである。富士山ハザードマップは、是非ともご覧いただきたい。直接的な人的被害はそれほど大きくはないが、なにせ、東京を数センチメートルの厚さで降灰が襲う可能性が高い。

行政の戦略的な対応は必須であるが、まず私たちは富士山の噴火と災害についてしっかりと理解し、自ら備えをするべきであろう。

ハザードマップでは想定できないレベルの巨大災害についても忘れてはならない。たとえマグマの活動がなくとも、地震によってあの巨大な山体が崩壊し、岩屑などれと泥流が数十万人の人口域を襲う可能性があるのだ。

富士山はこのような大規模な山体崩壊を何度も繰り返して、そして数え切れないくらい噴火も繰り返して、今の美しき姿になったのである。しかし今私たちが眺めている富士山の気高き姿は、決して永遠のものではない。

第3章 富士山噴火を遥かにしのぐ、巨大カルデラ噴火

富士山噴火の1000倍以上のエネルギーを持つ、巨大カルデラ噴火

富士山の噴火、特に山体崩壊がひとたび起これればどれほどの惨劇をもたらすかは、お解りいただけただろう。

しかし変動帯に暮らす民には、もっとずっと大きな試練が待っている。じつは日本列島ではこれまで何度も、富士山宝永噴火の1000倍以上のエネルギーの巨大噴火が起こってきた。

それが、巨大カルデラ噴火である。

カルデラとは、釜や鍋のような凹みのある道具を意味するスペイン語に由来し、広い意味では火山活動によってできた直径2キロメートル以上の窪地をさす。2キロメートルという数字は平均的な火口の直径に当たる。

小型のカルデラは、火口が侵食されて少し大きくなったもので「侵食カルデラ」と呼ばれる。また、山体崩壊によって生じたU字型の窪地を「馬蹄形カルデラ」と呼ぶ。1888年に磐梯山で発生した山体崩壊の跡には、典型的な馬蹄形カルデラが認められる。

だがカルデラの中には、これらより遥かに規模が大きく、全く違ったメカニズムで作ら

れたものがある。それは、「陥没カルデラ」と呼ばれるものだ。

このタイプのカルデラを形成する火山では、地下に大量に溜まっていたマグマが一気に噴き出す。その結果地下には巨大な空洞ができてしまい、その天井が崩れてカルデラとなるのだ。

陥没カルデラを作るほどの巨大カルデラ噴火には、大きな特徴がある。それは、噴き出すマグマが、例外なく二酸化ケイ素の多いデイサイト質〜流紋岩質のマグマであることだ。第2章でも述べたように、このようなマグマが噴出する際には、大爆発を伴う場合が多い。巨大カルデラ噴火でも大量の流紋岩質のマグマを噴出するので、他のタイプの噴火に比べて圧倒的に爆発的かつ危険なのである。

ある時を境に「先祖返り」をした縄文人

日本で最後に巨大カルデラ噴火の悲劇が起こったのは、今から7300年前、縄文時代に遡《さかのぼ》る。縄文時代早期の日本列島では、南九州で成熟した縄文文化が発達していたという。図3-1は鹿児島県立埋蔵文化財センターの新東晃一氏の図を簡略化したものである。本州ではまだ先の尖《とが》った尖底《せんてい》土器を使っていたのに、南九州では既に平底型の土器が使われ

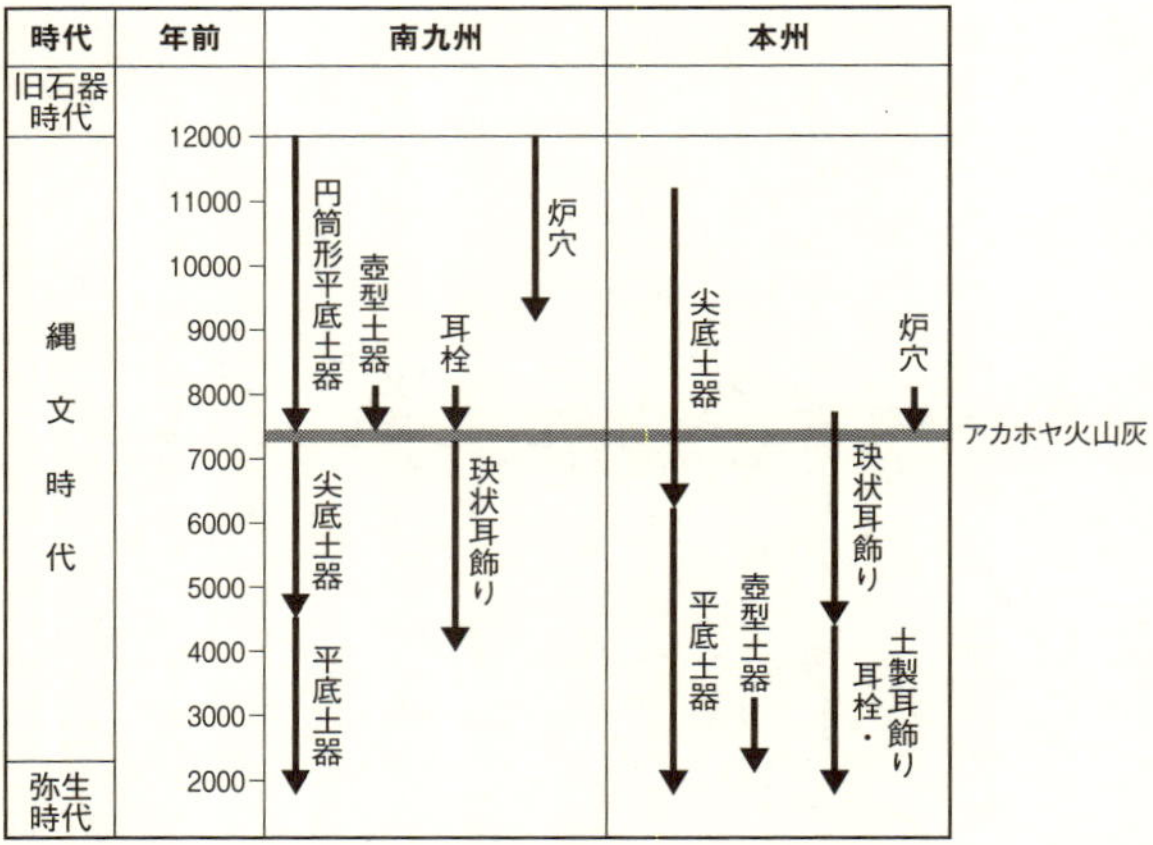

［図3-1］南九州縄文式土器先祖返りとアカホヤ火山灰

ていたのだ。

尖底土器は、屋外で地面に穴をあけてそこに立てるように置いて使われていたものらしい。

一方、平底土器は住居の中での調理や貯蔵にも使うことができた。すなわち、平底土器の出現は、縄文人のライフスタイルが定住型に変化した証拠だと言われている。他にも南九州では耳栓《じせん》やツボ型土器などのモダンな道具が使われていた。

ところが、この南九州で、ある時を境に「先祖返り」が起きたのである。

それまでの最先端の土器は姿を消し、当時本州で使われていた旧式のものが復活したのだ。この突如として消え去った進んだ文化は「もう一つの縄文文化」とも言われている。

これらの最先端縄文土器は、南九州の遺跡では特徴的なオレンジ色の火山灰層の下にだけ見つかる。この火山灰層は、宮崎ではアカホヤ（「ホヤ」は役に立たないものの意味）、人吉ではイモゴと呼ばれていたものだった。

そして東京都立大学（当時）の町田洋氏と群馬大学の新井房夫氏によって、これらはすべて同じ火山灰であることが証明された。その根拠は、火山灰に含まれる鉱物の種類やガラスの屈折率にあった。火山灰の主要な構成要素である火山ガラスは、高温で融けていたマグマが空気に触れることで急速に冷え固まったものである。マグマの化学組成の違いによってガラスの密度や屈折率が異なるのだ。

同様の火山灰は、九州から遠く離れた中部地方でも発見された。そして東北以南の日本列島に広く分布するこの火山灰層の厚さを調べることで、その噴出源が鬼界カルデラであることが突き止められた。この火山灰は「鬼界アカホヤ火山灰（K-Ah）」と呼ばれるようになった。

「もう一つの縄文文化」の上限を定めるこの火山灰の噴出年代は、考古学でも重要だ。

縄文人を絶滅させた鬼界アカホヤ噴火

都立大学（当時）の福沢仁之氏は、若狭湾に臨む三方五湖の一つである水月湖《すいげつこ》の湖底堆積物の中に、アカホヤ火山灰が含まれることに注目した。

この堆積物は1ミリメートルスケールの明暗が繰り返す縞状の構造を示す。春から秋にかけて大量に発生するプランクトンの死骸が降り積もると、有機物に富む黒っぽい色の層ができる。

一方、白っぽい層は生物質のものではなく、黄砂を含むので、冬から春にできたことになる。つまり、この明暗の縞の1対が1年に相当するのである。年輪と同じようなものだ。

福沢氏はアカホヤ火山灰の上に積もった堆積物の縞を丹念に数え上げることで、この火山灰が1995年から数えて7325年前に降り積もったことを明らかにしたのだ。

火山灰の噴出年代は放射性炭素の量で決めるのが一般的だが、どうしても誤差やズレが出てくるので、それを補正しなければならない。今では水月湖の年縞とアカホヤ火山灰は、いわば世界の標準時となっている。

さて、この鬼界アカホヤ火山灰は九州南部では30センチメートル以上の厚さがある。

これほどの降灰があると、森林は完全に破壊され、その回復には200年以上の時間が必要だと言われている。

こうなると、縄文人の主要な狩猟ターゲットであったイノシシやシカなど森林動物は姿を消してしまったに違いない。また火山灰が厚く堆積したために、エビやカニなどの底生生物の多くも死滅したであろうし、その連鎖で魚も激減したと思われる。すなわち、鬼界アカホヤ火山灰の降灰によって、南九州の縄文人は食料を調達できなくなったのだ。

巨大カルデラ噴火では、多くの場合まず巨大な噴煙柱を立ち上げる「プリニー式」噴火が起きて、その後に火砕流の発生や大量の火山灰の飛散が起きる。

鬼界アカホヤ噴火の場合もそうだった。最初のステージのプリニー式噴火で噴出した軽石は大隅半島では10センチメートル以上も堆積した（図3-2）。

また噴煙柱崩壊で発生した高温の火砕流は、海を渡り薩摩・大隅両半島の南部域を覆い尽くした。火砕流が海の上を流れるなんて、にわかには信じ難いかもしれない。

だが火砕流は多量の火山ガスを含んでいるために、海水よりも明らかに軽い。しかも火砕流の底の方に集まる重い岩石を海の中へ捨て去ることで、火砕流はますます軽くなって流動性を増す可能性がある。おまけに、高温の火砕流が海面上を流れたために発生した水蒸気が火砕流に加わるので、余計に流れやすくなる。

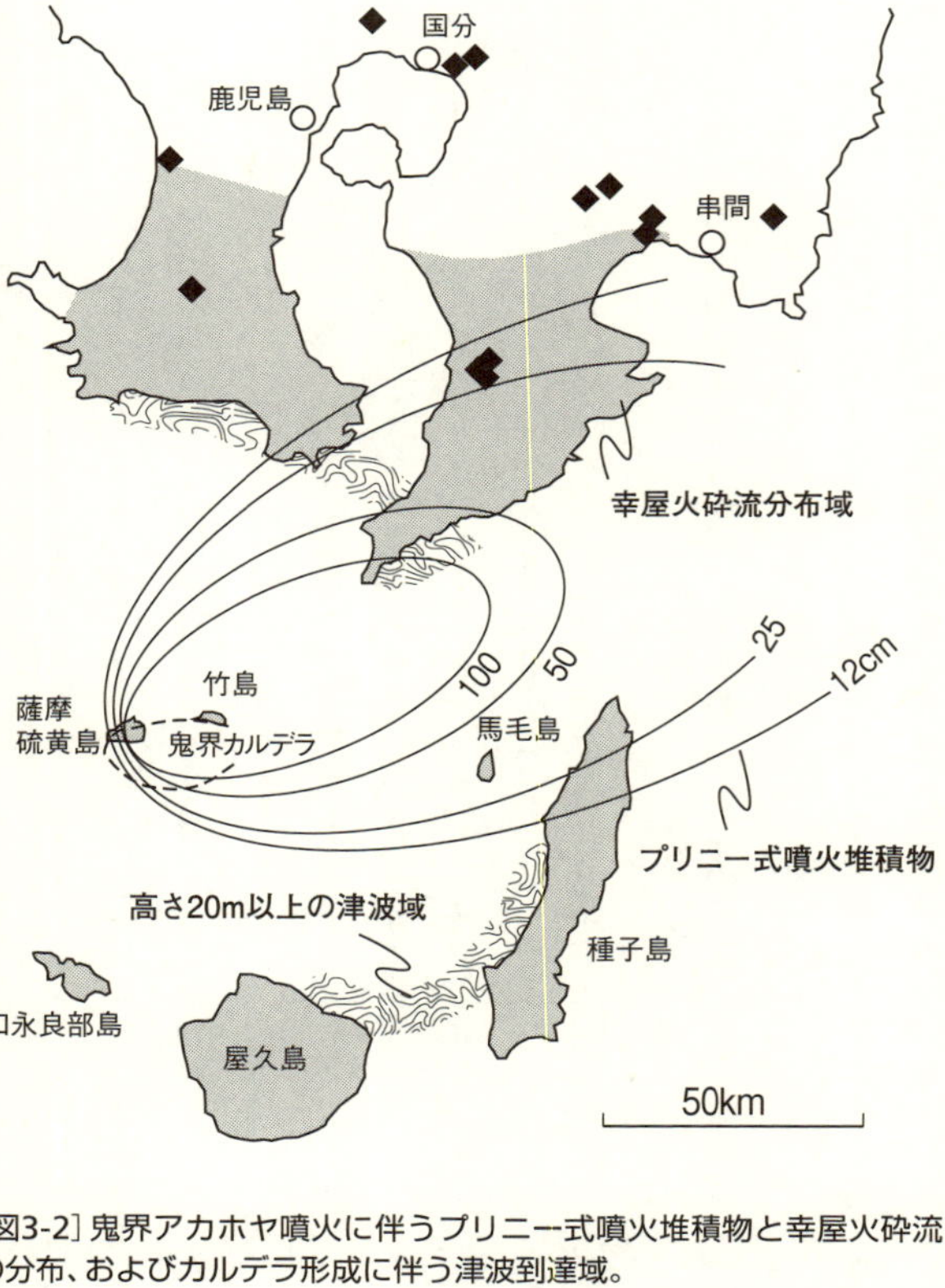

［図3-2］鬼界アカホヤ噴火に伴うプリニー式噴火堆積物と幸屋火砕流の分布、およびカルデラ形成に伴う津波到達域。

これらの大量のマグマが噴出したためにカルデラが陥没したのだが、その際には高さ20メートル以上の津波が海岸に達した証拠が、地層の中に残っている（図3-2）。まさに地獄絵図そのものだ。もちろんこの難を逃れた人たちもいたかもしれない。しかしこの鬼界巨大カルデラ噴火を境に土器が先祖返りを起こしていることを考えると、南九州の縄文人は絶滅した可能性が高い。

幸い、鬼界アカホヤ噴火以降、列島では巨大カルデラ噴火は起きていない。しかし私たち火山大国に暮らす日本人にとっては、決して南九州の縄文人の悲劇は絵空事ではないのだ。

凄まじい巨大カルデラ噴火のエネルギー

M9の超巨大地震のエネルギーが、日本の年間総発電量に匹敵するということはすでに述べた。しかし実は、私たちはもっと大きなエネルギーの自然現象に毎年のように遭遇している。それは台風だ。

大型の台風はなんと700億トン以上もの雨を降らす。雨粒は気体の水蒸気が凝縮（液化）してできるのだが、この時に潜熱が出る。つまり多量の雨を降らす台風は、莫大な量

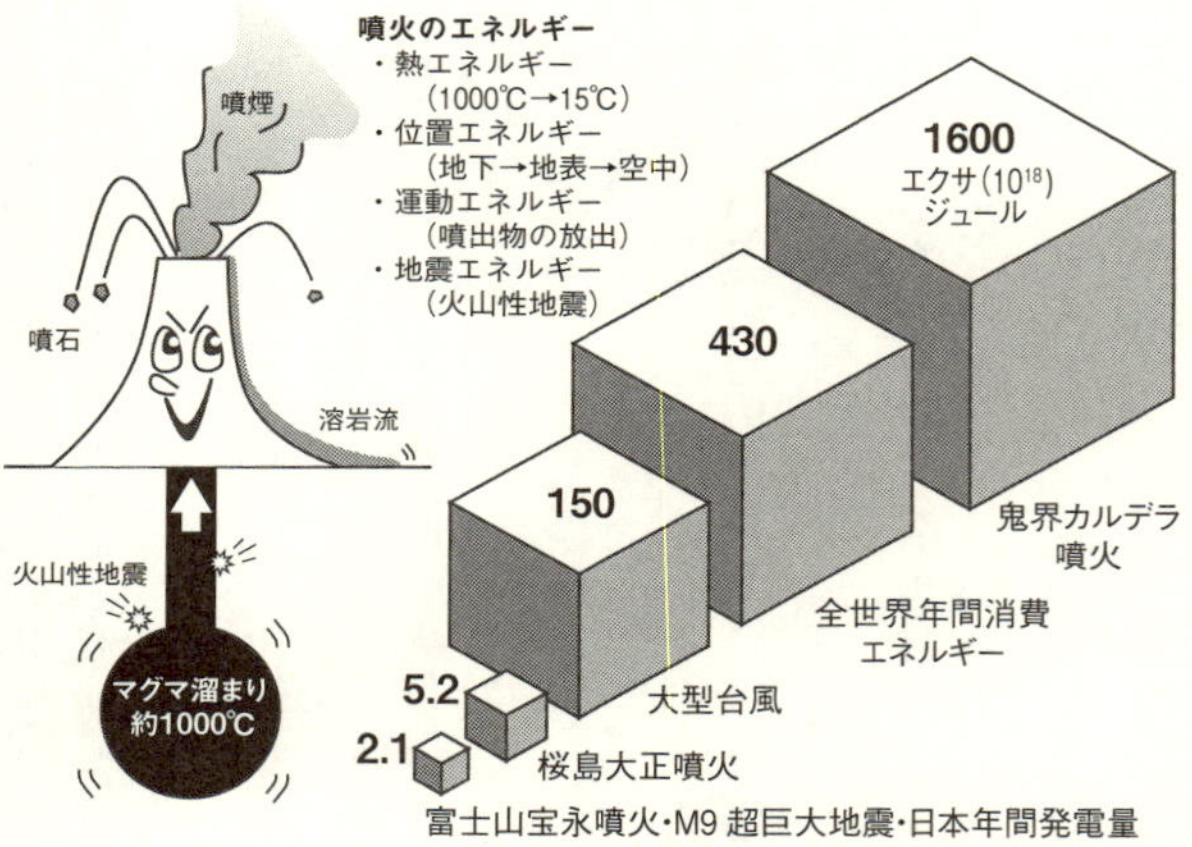

［図3-3］火山噴火のエネルギーと他のエネルギーとの比較

の熱エネルギーを内在しているのだ。そのエネルギーは約150エクサジュール、なんとM9超巨大地震75回分にも及ぶ(図3-3)。

では火山噴火のエネルギーはどれくらいなのだろうか？

そもそも火山噴火は、異なる4種類のエネルギーを含む(図3-3)。

まずは熱エネルギー。これはおよそ1000℃もの高温のマグマが地表で冷え固まるまでに放出するエネルギーである。このエネルギーは、噴出物の総重量に岩石の比熱を掛けてそれを1000倍すればば求めることができる。

他には、地下のマグマが地表まで上が

るために必要な位置エネルギー、噴石などの噴出物が空中を飛翔する際の運動エネルギー、それに火山性地震のエネルギーがある。これらの中では熱エネルギーがダントツに大きく、全噴火エネルギーの8割以上を占める。従って、熱エネルギーを全噴火エネルギーと見なしてもそれほど的外れではない。

そうすると、富士山宝永噴火は、ほぼM9超巨大地震と同じくらいのエネルギーであることが解る（図3-3）。

地球上で最も大規模な噴火の例

しかし、これらより遥かに凄いエネルギーを持つのが、鬼界アカホヤ噴火のような巨大カルデラ噴火である。そのエネルギーはなんと大型台風約10個分、全世界の数年分の消費エネルギー全部を一気に放出するのである（図3-3）。

地球上で最も大規模な噴火の例としては、3000万年程前に米国コロラド州デンバーの南西200キロメートル辺りで起きたカルデラ噴火や、200万年前の米国中央部ワイオミング州のイエローストーン、それに7万4000年前にインドネシア・トバ湖を作った噴火などがある。これらは鬼界カルデラ噴火の数倍〜10倍のエネルギーであった。

ついでに、恐らく地球にとって最大の災害であろう「隕石衝突」のエネルギーを見積もっておこう。

遡ること6550万年前、現在のメキシコ・ユカタン半島の沖合、深さ数百メートルの海に、直径10キロメートル超の隕石が落下し、直径200キロメートル近いクレーターを作った。

この隕石衝突エネルギーは、隕石の密度と大きさ、それに衝突時の速度が判れば運動エネルギーとして見積もることができる。ユカタン半島の場合は、なんと鬼界カルデラ噴火の300倍ものエネルギーである。

ちなみに、鬼界カルデラ噴火と同程度のエネルギーを持つ隕石衝突を想定すると、隕石の直径は1・5キロメートルほどになる。およそだが、このクラスの隕石衝突は数百万年に一度起こり、その結果直径30キロメートル程度の大きさのクレーターができる。鬼界カルデラ噴火によってできたカルデラは20×17キロメートルであり、この衝突クレーターとほぼ同じサイズの窪地である。

もちろん、地球が生きている証拠とも言える火山のエネルギー源は地球の中心をなす半径2500キロメートルの「核」と呼ばれる所にある。

核は鉄とニッケルの合金でできているが、一番外側（浅い所）でも３０００℃以上、そして中心では５５００℃もの超高温なのである。地球の中心がこれほど熱いのは、今から46億年前の地球誕生にその原因がある。地球を始めとする惑星は、原始太陽の周りに散らばっていた物質が集積してできた。その時に膨大な熱エネルギーが発生したのだ。なんとこの創成期の熱がまだ地球の中心に残っているのである。

火山灰から解る、マグマの量

火山噴火の源は、高温のマグマである。だから、火山噴火のエネルギーや規模を評価するためには、噴出したマグマの量を求める必要がある。

溶岩流を流すような噴火ならば、その総量を求めることはそれほど難しくはない。また溶岩は固いので、たとえ何千年、何万年前に流れたものであっても、比較的正確に噴出量を推定することができる。

一方、火山灰は広い範囲に降り注ぐ上に、地表に降り積もった後、簡単に雨や風で流されてしまって保存されにくい。そうなると、過去の火山活動で火山灰として噴き出したマグマの量を求めるのは難しくなる。

こんな状況で、火山学者はどのようにして火山灰の噴出量を求めているのだろうか？

火山灰の正体は、マグマが急速に冷えたガラスの破片だ。火山が噴火すると、火山灰や火山ガスは周囲の空気を取り込みながら火口から上空へと柱状に噴き上げられる。これが「噴煙柱」と呼ばれるものだ（図3-4Ⓐ）。

大噴火ではその高さは数十キロメートルに及ぶこともある。噴煙柱は上昇するエネルギーを使い果たすとその成長は止まり、今度は火山灰粒子が落下し始める。

この時、火山灰は噴水のようにあらゆる方向へと広がろうとする。しかし、日本列島のように偏西風などの卓越風が強い地域では、火山灰は向かい風の方向へはあまり広がらずに、追い風に乗って風下方向へ流されやすくなる。従って日本では火山の東側に降灰域が広がることが多い。

さて火山灰は、このようにして水平方向に広がる間にも空気中を落下する。ガリレオがピサの斜塔で行った実験でも判るように、物体の落下速度はその重さによらない。つまり、ある高さからものを落とすと軽いものも重いものも同時に地表に達する。しかしこれは空気抵抗が無視できる場合の話である。

火山灰粒子のように比較的軽くて、おまけにいびつな形をしていると、空気抵抗の影響

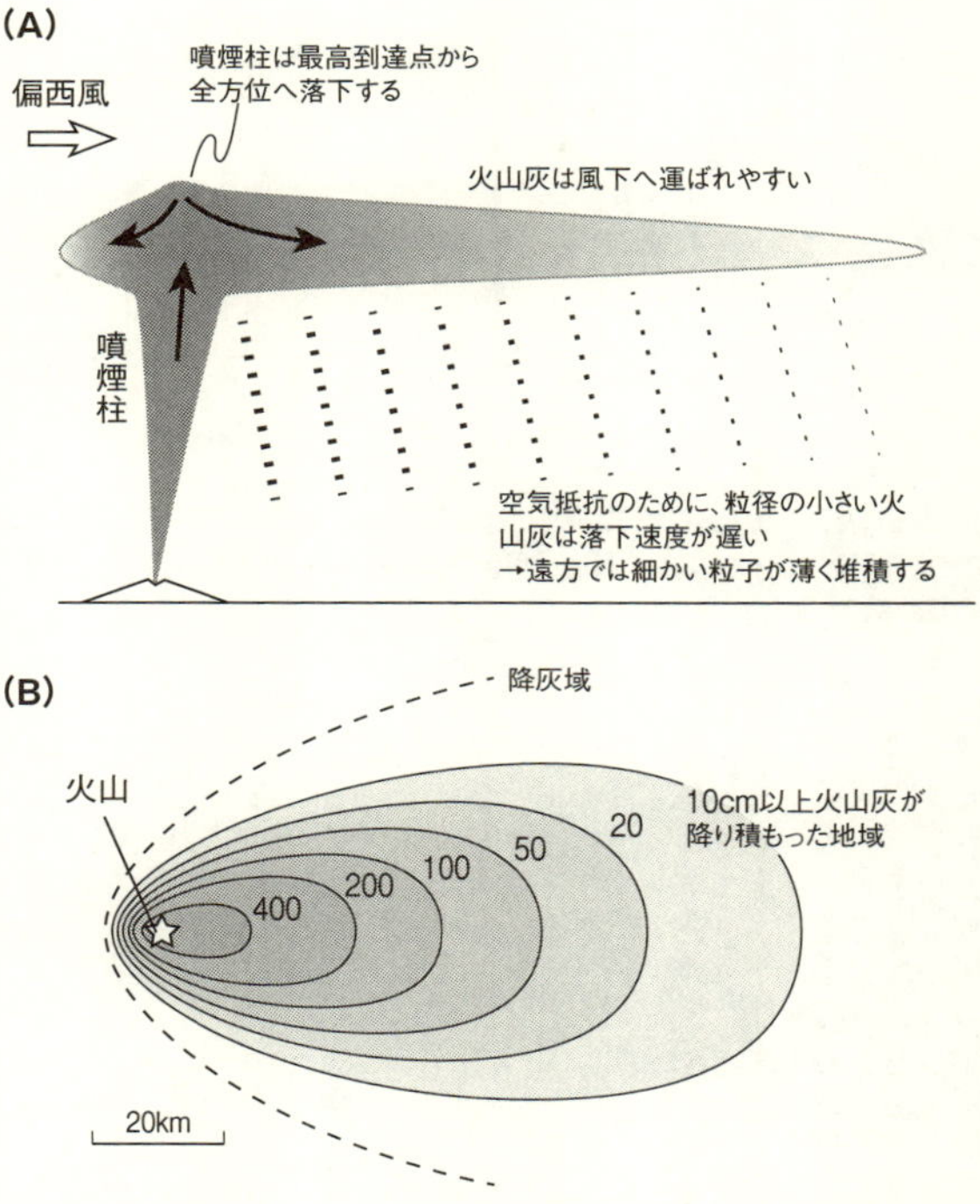

[図3-4] 火山灰の広がり方。(A)噴煙柱の形成と風の影響を受けて広がる火山灰。(B)火山灰の等層厚線図の例(元データは、早川由紀夫氏の十和田火山)。

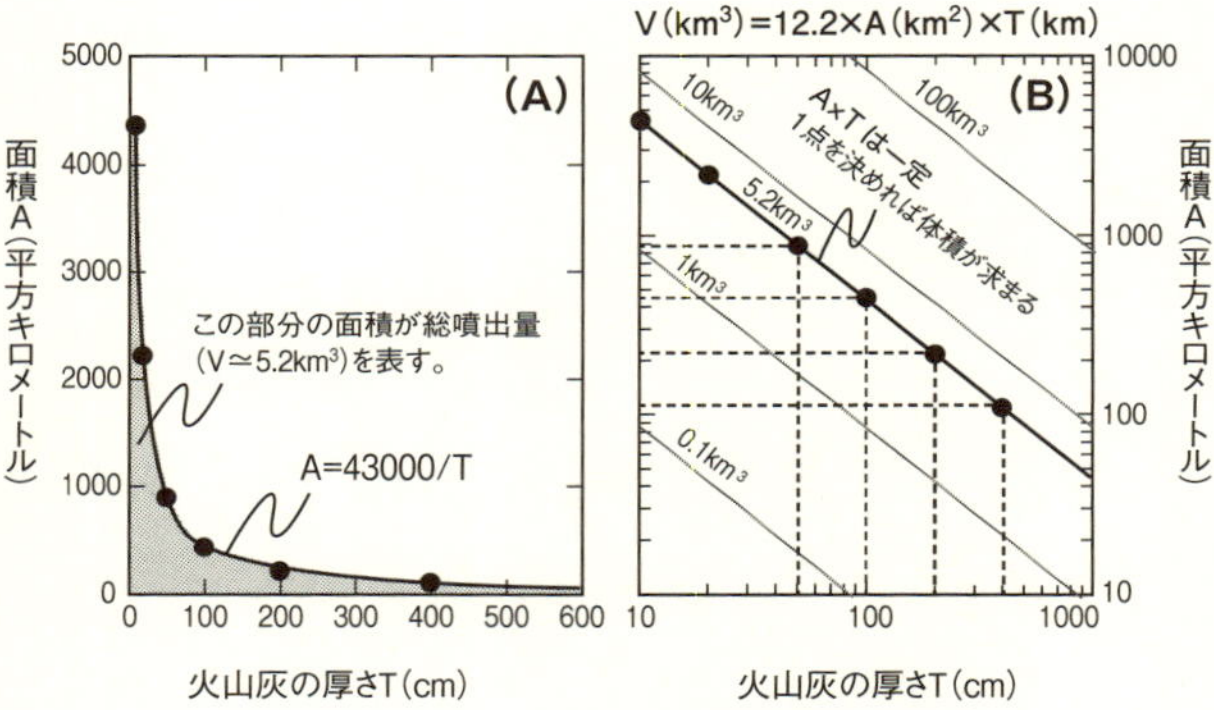

［図3-5］噴火で放出された火山灰の総量の求め方。(A) 図3-2Bの噴火に対する火山灰の厚さと降灰面積の関係。(B) 火山灰の厚さと降灰面積の対数プロット。

が大きくなる。その結果大きくて重い粒子の方が早く落ちることになる。だから、火山近傍では粗い火山灰が厚く積もり、火山から離れるほどに薄くて粒の細かい粒子からなる火山灰層ができるのだ。

　このようにして降り積もった火山灰層について、例えば5センチメートルの厚さの火山灰が積もっている地点を連ねると、ある曲線となる。この曲線は日本では偏西風の影響があるので多くの場合東西方向にやや広がった楕円形となる(図3-4Ⓑ)。このような線を「等層厚線」と呼ぶ。

　噴火でまき散らされた火山灰について等層厚線を描くことができると、降灰域の面積と火山灰層の厚さから、火山灰の総量を求めることができる。

その原理は簡単だ。例えば図3-4(B)の等層厚線に基づいて、火山灰の厚さとその厚さに対する降灰面積をプロットすると、図3-5(A)のような曲線が得られる。

図から解るように、降灰面積は厚さに反比例する。厚さに面積を掛け合わせると体積になるのだから、図で網をかけた部分の面積を積分で求めてやれば、火山灰の総量（体積）が求まる。総重量を求めるならば、この体積に火山灰層の密度を掛けるとよい。

有用な噴火データベース

しかし実際には、過去の噴火についてこのようないろんな厚さに対する等層厚線を作ることは至難の業だ。特に薄く広がった細かい火山灰層を追いかけるのは大変である。

そこで、なんとか近似的にでも火山灰の総量を求めようと火山学者たちは知恵を絞ってきた。幾つかの方法はあるのだが、ここでは最も簡単な方法を紹介しておこう。

それは、群馬大学の早川由紀夫氏の発案である。

早川さんは大学院生の頃、十和田火山について調べていた。

そこで、十和田湖から八戸辺りをくまなく歩き回って、十和田火山から噴出した軽石や火山灰の層を追いかけ、精密な等層厚線図を作り上げた。そして火山灰層が覆う面積とその総量を求めたのだ。その結果を図3-5Ⓑのような両対数グラフにプロットすると、きれいな右下がりの直線となった。

早川さんは、地質調査で求めたこの火山灰の総量が5・2立方キロメートルであることを用いて、総噴出量と厚さ、面積が簡単な式で表されることを導き出した（図3-5Ⓑ）。同じような直線関係は、いくつかの他の火山噴出物でも認められる。もしこの関係がいつも成り立つなら、ある特定の厚さの火山灰層が覆う面積をきちんと求めさえすれば、その噴火の総噴出量も求めることができるのだ。

もちろん火山学者の中には、この方法は単純すぎると言う人もいる。図3-5Ⓑの例のように真っ直ぐな直線にならなかったり、やや傾きがずれたりする場合があるからだ。

確かにこの方法は単純すぎるかもしれない。だが、だからといって噴出物の総量を求めることを諦めていたのでは、話は前に進まない。現状では早川メソッドは最も簡便である上に比較的正確な方法の一つと言えるだろう。

早川さんが凄いのは、自らが開発した方法を使って日本列島の過去100万年間の火山噴火についてマグマ噴出量を求め、それを「噴火データベース」としてネットで公開したことである（http://www.hayakawayukio.jp/database/）。

たった一人でこれほどのデータベースを作るのは大変なことだ。すべての火山について十和田火山のようには詳しく調査できるはずもなく、ある意味でエイヤッと決めたものもあるだろう。しかしそれでもなお、このデータベースはとても有用である。

本来このような国土に関する基本的な情報の収集は、国の研究機関と大学が一体となって集中的に行うべきものである。

少なくとも110ある活火山について、それぞれの火山の形成史と、それぞれの噴火の規模を地質調査に基づいて推定するようなことは当然なされるべきであろう。なぜならば、そのようなデータがなければ、今後の噴火予測、被害予測を正確に行うことができないからだ。

しかし現状では、このような「泥臭い」「論文にならない」仕事をする研究者が、どんどん減ってきている。110の火山にそれぞれ例えば2名の研究者を配置することは、数年〜十年かければそれほど難しくないはずだ。火山大国日本において国土強靭化を謳うのであるならば、最低でもこれくらいのことはやらねばなるまい。

噴火マグニチュードという指標

少し愚痴っぽくなってしまったが、噴火によるマグマ噴出量の推定法はご理解いただけただろうか？

ところで地震の場合、その規模を表す指標はマグニチュードだ。同じように、火山の規模やエネルギーの指標として「噴火マグニチュード」が使われる。

噴火エネルギーのほとんどはマグマの熱エネルギーであり、それはマグマの重量に比例する。このことをふまえて、噴火マグニチュードは噴出物の総重量（キログラム）の常用対数から7を引いたものと定義される。7を引くのは、それまで世の中で広まってはいたがちょっと欠点のあった別の指標と、オーダー（桁）的にあまり食い違わないようにとの配慮である。

この噴火マグニチュードという指標を世界で初めて提案したのも、早川さんだ。1993年のことだった。

ただこの論文は日本語で書かれていた。そのためだろう、1995年に噴火マグニチュードに関する論文を書いた英国人は、この早川さんの論文の存在を知らなかったようだ。早川さんの論文を引用しなかったのである。

その結果、多くの外国人は噴火マグニチュードという重要な指標を提案したのは、この英国人だと思っている。

最近の大学では、まるで強迫観念に取り付かれたように教員の評価が行われるようになったが、その指標の一つとして、ある人の書いた論文がどれくらい外国の一流雑誌に引用されているかを用いることが多い。こんな下世話な観点からすると、早川さんは相当損をしている。やはり、重要な論文は国際誌に出した方がよいと思う。

火山噴火の規模やエネルギーの指標となる噴火マグニチュードを使うことで、巨大カルデラ噴火を定量的に定義することができる。こうしておかないと、人によって名前の使い方が変わるようでは具合が悪い。

最近では噴火Ｍ７以上のものを巨大カルデラ噴火と呼ぶことが多い。Ｍ７未満の噴火では、このタイプのカルデラを伴わない場合もあるからだ（図3-6）。

この図には、比較的データの揃っている過去12万年間で起こったＭ４以上の噴火の回数および、それらの総噴出量を示してある。ちなみにＭ４とは、最近の西之島や霧島新燃岳クラスの噴火である。

巨大カルデラ噴火はその頻度は明らかに少なく、わずか３％程度である。一方でその噴

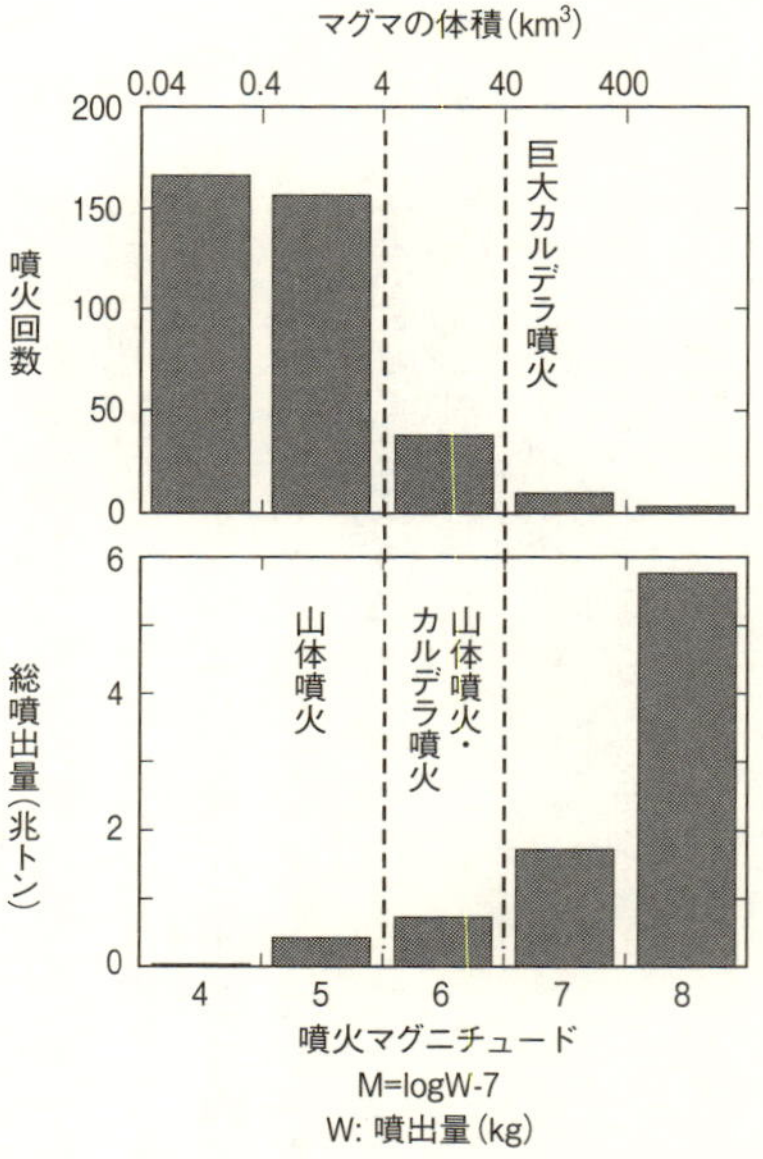

[図3-6] 過去12万年間の火山噴火の噴火マグニチュード別頻度と総噴出量

出量は莫大であり、日本列島に噴き出した全マグマの90%近くを占めている。

すべての生命を瞬殺する巨大カルデラ噴火

巨大カルデラ噴火はとにかくゴツくて強烈だ。高さ数十キロメートルにまで巨大な噴煙柱を立ち上げる。この「プリニー式噴火」は、噴火の際にバラバラに砕け散ったマグマの破片がガスと一緒に上昇するが、この過程で周囲から取り込まれた空気が熱せられて膨張するために、噴煙はさらに軽くなって勢いを増して成長してゆく（図3−7Ⓐ−⑴）。

　この強烈なプリニー式噴火も、巨大カルデラ噴火のほんの序章に過ぎない。

　大量のマグマが噴出したことでカルデラの陥没が始まり、マグマ溜まりから延びるいくつもの破れ目が地表と直結する。このことで噴火はクライマックスに達する（図3−7Ⓐ−⑵）。

　もちろんこのステージでは、プリニー式噴火よりも遥かに厖大なエネルギーでマグマが噴出されるのであるが、プリニー式噴火のように一つの火口ではなく、あちらこちらの破れ目からマグマが噴出されるために、噴き上げる速度自体は以前よりは小さくなってしまう。

　水鉄砲の穴が大きいと水が勢いよく飛び出さないのと同じ原理だ。その結果、噴煙柱は十分に成長できず、自らの重みに耐え切れなくなって崩れてしまうのだ。この噴煙柱の崩壊が大火砕流を発生させる。

「火砕流」とは火山灰や軽石、それに火山ガスが渾然一体となった流れであるが、噴煙柱が崩れた場合にはある特定の方向ではなく全方位に広がっていく。火砕流は多量のガスを含む上に、流れる時には多量の空気を取り込むため極めて流動性に富む。そのスピードは時速100キロメートルを超える場合もあり、1000メートルクラスの山々を簡単に乗

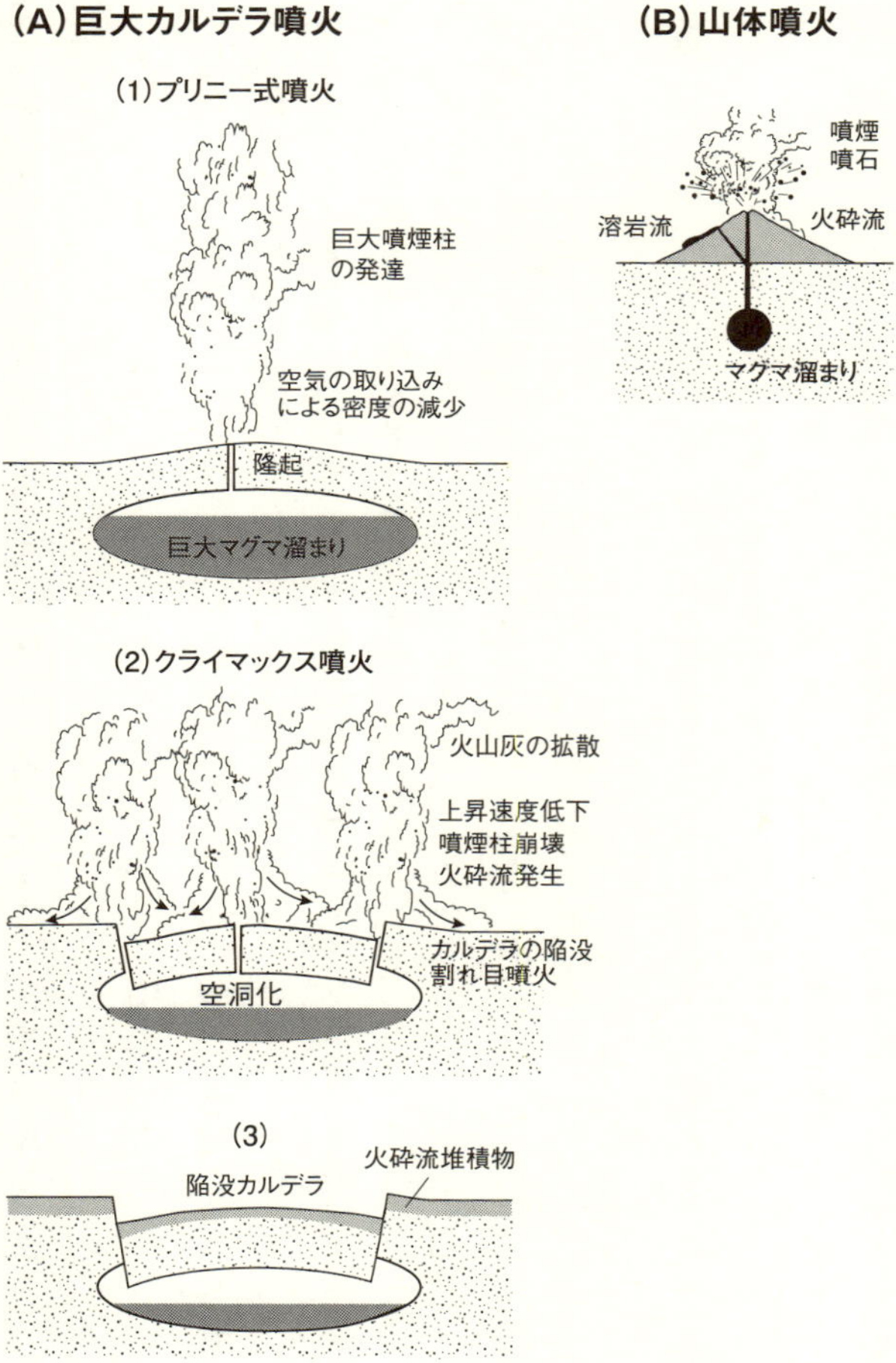

[図3-7] 巨大カルデラ噴火と山体噴火

り越えてしまうのだ。

さらに恐ろしいことに、その温度は数百℃を超える。つまり、巨大カルデラ噴火で発生した火砕流に覆われる領域では、すべての生命活動は奪われることになる。「瞬殺」である。

一方噴煙柱が崩壊して火砕流が発生すると同時に、噴煙柱の中の軽い部分は灰神楽となってどんどんと上昇し、やがて周囲に拡散してゆく（図3-7Ⓐ-⑵）。日本上空には強い偏西風が年中吹いているために、クライマックス噴火で噴き上げられた火山灰は、主に東方へと運ばれていくはずである。従って日本列島で巨大カルデラ噴火が起きた場合は、主にその東方では大量の降灰による被害を想定する必要がある。

火山というと多くの人は山の地形を思い浮かべるだろう。だから巨大カルデラ噴火の場合も、噴火の前には巨大な火山体があったに違いないと思い込んでしまう。例えば阿蘇カルデラの場合、いわゆる外輪山の裾野をカルデラの中心の方向へと延長すると富士山よりも高くなると言う人もいる。

しかしこれは間違いだ。外輪山は、幾つかの小さな火山と火山の間を火砕流が埋め尽くしたために、ほぼ同じ高さになっているだけである。もちろん、噴火の前には地面が巨大マグマ溜まりの圧力で盛り上がることはあるが、決して巨大な火山体があったわけではない（図3－7Ⓐ－⑴）。

一方で、M6より小規模の噴火はすべて、火山の頂上や山腹の火口から溶岩を流したり噴煙を上げるようなタイプである（図3－6）。この噴火様式を「山体噴火」と呼ぶ。このような噴火を繰り返すことで、火口や割れ目から流れ出た溶岩流や、火山砕屑《さいせつ》物と呼ばれるマグマや岩石の破片などが積み重なって山はだんだんと高くなってゆく。

山体噴火を起こす火山では、その地下に比較的小さなマグマ溜まりが存在し、そこから上がってきたマグマが地表に達して噴火が起きると考えられる（図3－7Ⓑ）。

日本列島の巨大カルデラ火山

厖大な量のマグマを一気に噴き上げ、火山灰と火砕流が広い範囲を覆い尽くす巨大カルデラ噴火。しかし幸運にも、縄文時代以来私たち日本人はこの噴火に遭遇していない。

しかし、比較的データの揃っている過去12万年間を見ると、M7以上の巨大カルデラ噴火が日本列島で少なくとも10回は起こっている。その場所と、カルデラのサイズ、噴火の時期と規模、それに噴出したマグマの体積を図3－8に示した。

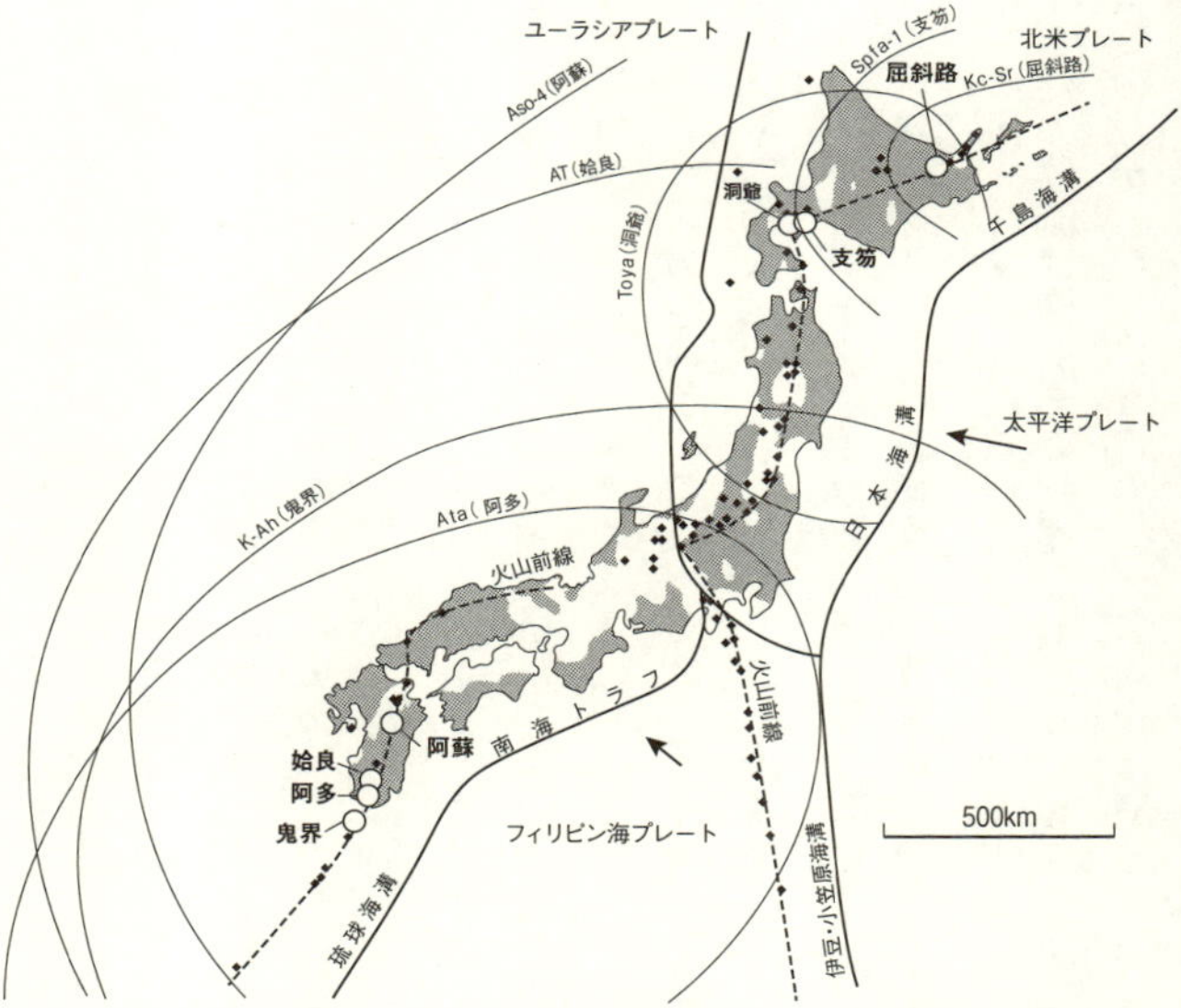

カルデラ	大きさ (km)	噴火時期 (万年前)	噴火 マグニチュード	マグマ体積 (km^3)
屈斜路	28×20	4	7	40
		11.7	7.4	100
支笏	12×12	4.1	7.2	60
洞爺	10×10	10.5	7.4	100
阿蘇	25×18	8.7	8.4	1000
		11.5	7	40
姶良	24×20	2.9	8.3	800
阿多	18×12	10.3	7	40
鬼界	20×17	0.7	8.1	500
		9.5	7.5	130

[図3-8] 日本列島の巨大カルデラ（○）と活火山（◆）、巨大カルデラ噴火による降灰域。巨大カルデラは、地殻歪速度の小さい（年間$5×10^{-7}$以下）地域（灰色の部分）に限って形成されている。

またこの図には、いくつかの「広域火山灰」の分布も示してある。これらの火山灰は、巨大カルデラ噴火、特に火砕流の噴出時に舞い上がった火山灰が広範囲に堆積したものだ。何度も述べたように、日本列島は地球上でも稀に見る火山密集地帯で、活火山は110を数える。ところが、そのうち巨大カルデラ噴火を起こしたものはわずかに7座。そしてこれらの札付きの火山は、北海道と九州に集中している（図3-8）。

なぜこのようなことが起きるのか？　また本州ではこれからも巨大カルデラ噴火は起こらないのか？　これらの問題は私たち火山大国に暮らす日本人として重要な問題であるので、次章でしっかりと考えることにしよう。

一方で、その他の多くの火山では、山体噴火を繰り返してきたのである。中には、十和田火山や箱根火山のようにカルデラの形成を伴う噴火を起こしたものもある。

しかしその規模は「巨大カルデラ噴火」には遥かに及ばない。例えば、首都東京からわずか80キロメートルに位置する箱根火山では、今から6万6000年前に大噴火が起きた。その時には都内でも20センチメートルの厚さの「東京軽石層」が堆積し、引き続いて発生した火砕流は横浜まで到達している。もちろん、今こんな噴火が起きたら大変なことになるのだが、それでもこの噴火の規模はM6・1。マグマの量は、巨大カルデラ噴火の8

分の1以下である。

ではここで、それぞれの巨大カルデラ火山の活動史を概観することにしよう。

まずは北海道から。屈斜路カルデラ（図3-8）は、きれいなカルデラ地形が残っているものとしては、日本最大規模である（東西28キロメートル、南北20キロメートル）。4万年前（M7・0）および11万7000年前（M7・4）の2回の巨大噴火で現在のカルデラ地形が出来上がったが、その火山活動の始まりは約34万年前に遡る。

また、規模はやや小さい（M6・4）が、約7000年前に起きた噴火によって屈斜路カルデラの東の縁に摩周カルデラ（直径約7キロメートル）も誕生した。

北海道西部には支笏湖と洞爺湖の2つのカルデラ湖が並ぶ（図3-9）。いずれも直径10キロメートルほどの大きさである。

支笏カルデラは今から6万年前と4万1000年前の噴火によってできたとされており、特に後者はM7を超える巨大カルデラ噴火であった。この噴火は、巨大な噴煙柱を立ち上げるプリニー式噴火で始まり、軽石が道南を除く北海道全域に降り注いだ。引き続いて大規模な火砕流が発生して現在の札幌市まで到達したのだ（図3-9）。

この巨大噴火の規模は、早川データベースではM7・2、つまりマグマの体積は約70立

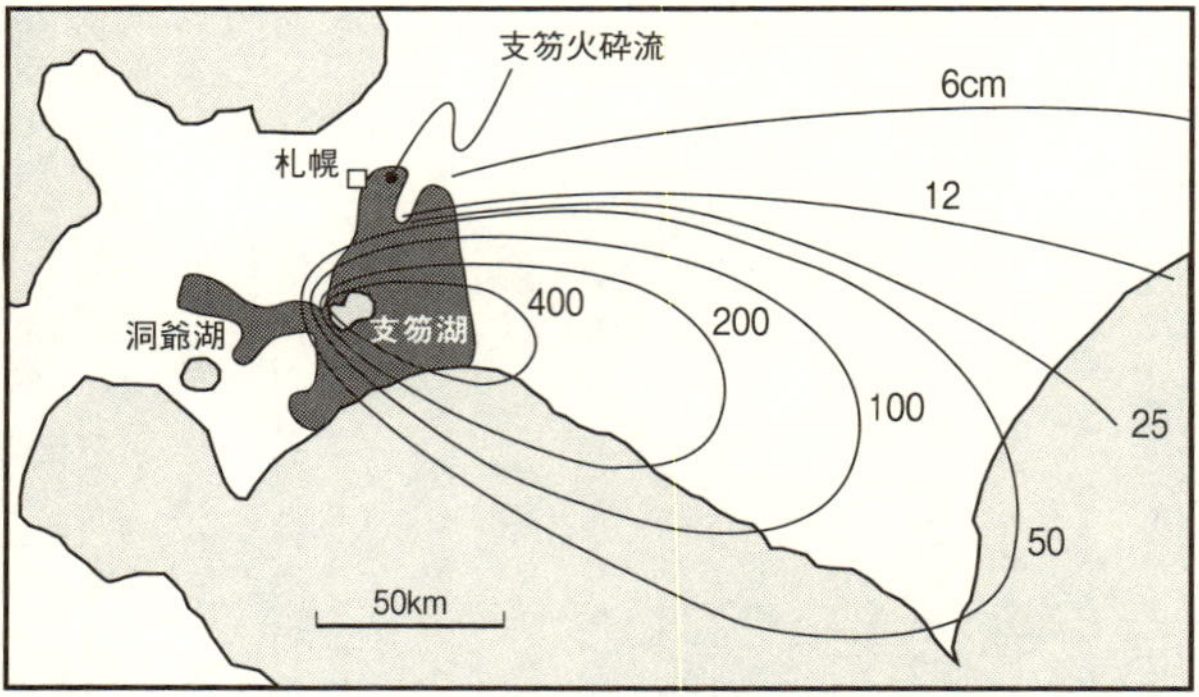

［図3-9］4万1000年前の支笏カルデラ噴火に伴う火砕流と降下軽石層

方キロメートルと見積もっているが、その倍以上（M7・5）のマグマが噴出したとする見積もりもある。

支笏湖の西、約50キロメートルに位置する洞爺カルデラでは約11万年前に大規模な噴火が起こり（M7・4）、火山灰が東北・北海道のほぼ全域を覆った（図3-8）。

およそ5万年前と2万年前にカルデラの中央に溶岩ドームが作られ、現在は中島と呼ばれている。また1万年前にカルデラの南西壁に有珠火山が誕生した。有珠火山は日本列島で最も活動的な活火山の一つであり、江戸時代以降も頻繁に噴火を繰り返している。

次は九州に目を向けよう。

九州には4つの巨大カルデラが集中している。

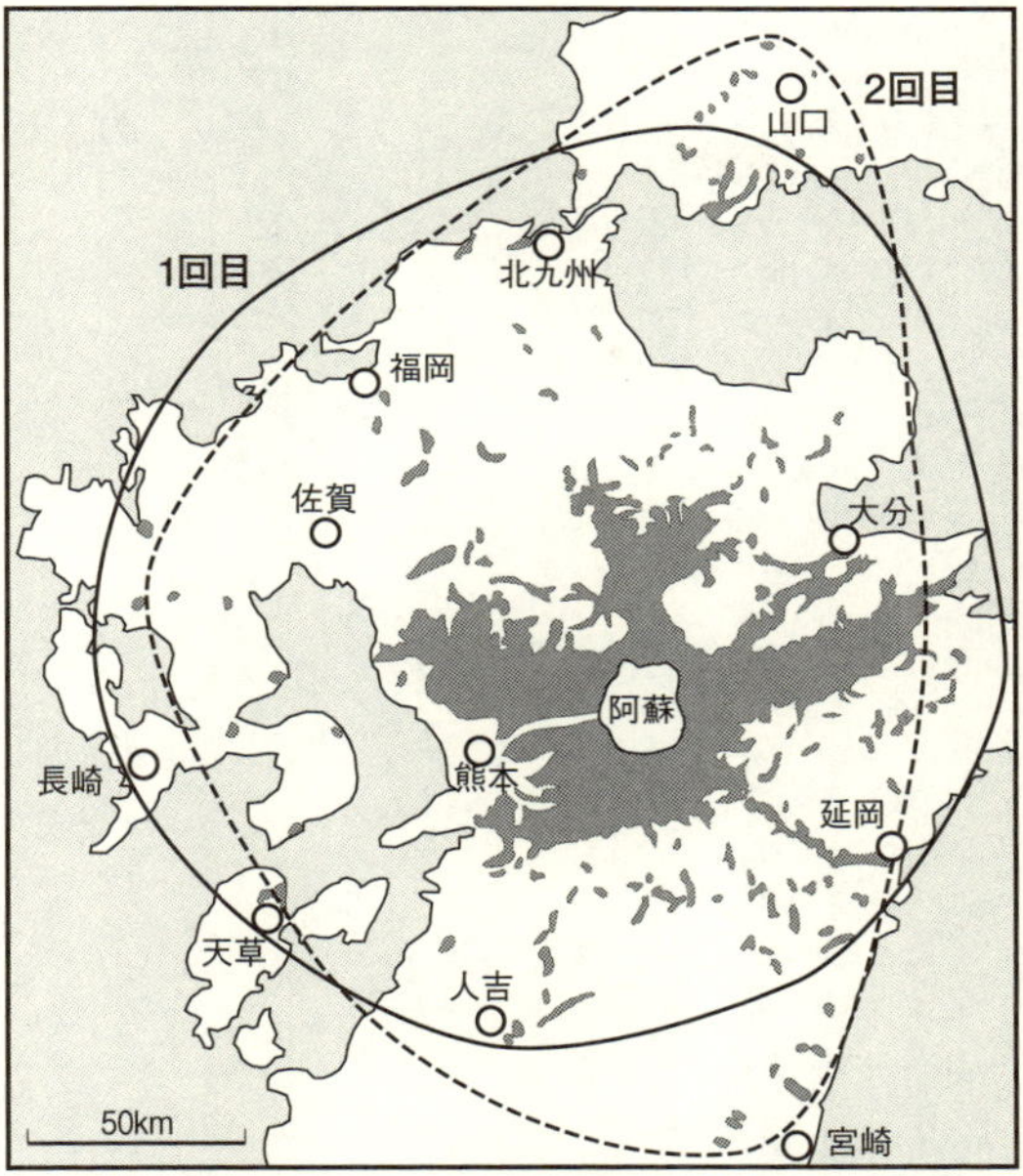

［図3-10］阿蘇カルデラと阿蘇4火砕流の分布域

その中でも最大のものが、東西18キロメートル、南北25キロメートルの阿蘇カルデラである（図3-10）。

ただこの巨大なカルデラは一度の噴火で形成されたものではなく、少なくとも4回の巨大噴火によってできた地形だと言われている。これらの噴火は、約27万年前、14万年前、12万年前、そして9万年前に起こった。

その中でも最大規模のものが、阿蘇4噴火と呼ばれる最も新しい噴火（M8・

4）である。この噴火でまき散らされた火山灰は日本列島全域を覆い、遠く北海道でも15センチメートルも降り積もった（図3-8）。

この噴火では2度の大規模な火砕流が発生し、これらは九州中部のみならず海を越えて現在の山口県や天草諸島まで達した（図3-10）。また、厚く堆積したこの火砕流は数百℃以上の高温であったために、堆積後に自らの熱によって火山灰同士がくっついてしまい、まるで溶岩のように硬くなっている。このような岩石は「溶結凝灰岩」という。宮崎県高千穂峡や大分県の滞迫峡《たいざこ》は、この阿蘇4溶結凝灰岩が作る絶景の渓谷として名高い。

この噴火は阿蘇火山最大の噴火であるのみならず、第四紀と呼ばれる過去約260万年間に日本列島で起こった最大規模の噴火でもある。

噴出されたマグマの総量はおよそ1000立方キロメートル。ちなみにこのマグマは、瀬戸内海を完全に埋め尽くすのに十分な量である。このように多量のマグマが火山灰や火砕流として噴き出した後には、立方体にすると一辺が10キロメートル以上もの空洞が地下にできたことになる。

始良《あいら》カルデラは、鹿児島湾北端に形成された直径約20キロの陥没地形である（図3-11Ⓐ）。

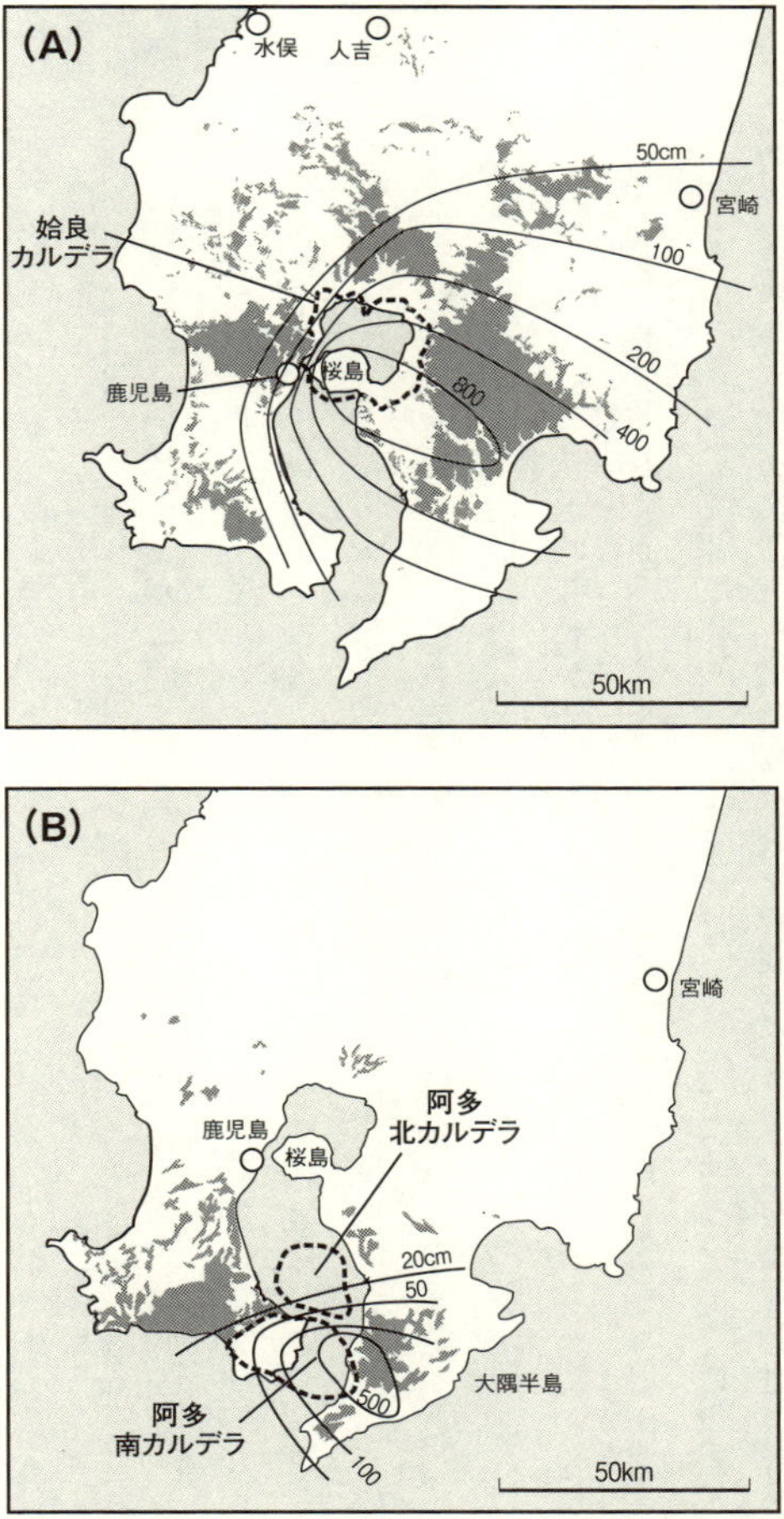

［図3-11］(A) 姶良カルデラを形成した入戸火砕流および大隅降下軽石の分布。(B) 阿多カルデラを形成した阿多火砕流と阿多軽石の分布。

この地域では約300万年前から断続的に溶岩流や火砕流を伴う火山活動が続いており、3万年前には既にある程度カルデラ地形が出来上がっていたと考えられている。

ここで巨大カルデラ噴火が起きたのが、2万9000年前のこと。この噴火も他の巨大カルデラ噴火と同様に、大量の軽石を噴き出すプリニー式噴火で始まった。

軽石の直径は30センチメートルに達するものもあり、場所によっては10メートル以上も軽石が積もった。大隅降下軽石と呼ばれるこの列島最大規模の軽石層の等層厚線を見ると、この噴火がカルデラの南端付近、現在の桜島が位置する付近で起きたことが判る（図3-11Ⓐ）。

このステージの噴火では巨大な噴煙柱も立ち上り、そこからは次々と火砕流も発生した。これらの火砕流の分布を見ると、噴火の中心は次第に北へ移動したようだ。そして活動はクライマックスに達する。姶良―丹沢（AT）火山灰と入戸火砕流の噴出である。

ここで「丹沢」という関東の地名が使われることを不思議に思う方もいることだろう。この名は、関東地方で10センチメートル以上の厚さのある「丹沢軽石」に由来する。この火山灰層は、鳥取県大山《だいせん》周辺で20センチメートルの厚さの「キナコ」と呼ばれていた火山灰などと共に、実は遥かに離れた姶良カルデラ起源であることが明らかにされたのだ。

AT火山灰は、高さ30キロメートルにも達する噴煙柱や、火砕流の流動時に立ち上った灰神楽から偏西風に乗って火山灰が運ばれて落下・堆積したものである。

上昇エネルギーで支えることができなくなった巨大噴煙柱は崩落し、そのことで入戸火砕流が発生した。

この巨大火砕流は全方位に広がり、1000メートル近い山々を乗り越えて九州南部域を覆い尽くした（図3-11Ⓐ）。鹿児島地方で「シラス」と呼ばれている最大200メートル近くにも達する軽石を含む火山灰質の地層こそが、この入戸火砕流の名残である。シラスの分布や、噴出時に取り込まれた岩片の特徴などから、この巨大噴火は鹿児島湾の最奥部、現在も熱水活動が盛んな場所で起きたと考えられている。

鹿児島湾南端の湾口部に位置するカルデラが、阿多カルデラである（図3-11Ⓑ）。このカルデラは南北2つのカルデラが合わさったものとされているが、その真偽はよく判らない。

この辺りでは今から約10万年前に、プリニー式噴火による軽石の噴出とそれに続く火砕流の流出を伴う巨大カルデラ噴火が起きた（図3-11Ⓑ）。

また、阿多火砕流の発生と同時にまき散らされた火山灰は、関東地方にまで飛来している（図3-8）。阿多カルデラでは、約25万年前にもM7クラスの巨大カルデラ噴火が起こり、そのときの火山灰も関東以西の列島を広く覆った。この噴火によって、阿多カルデラの原型が出来上がったと言われている。

九州最南端、大隅半島佐多岬のさらに南西約50キロメートルには鬼界カルデラがある(図3-8)。

このカルデラは、約15万年前と9万2000年前、そして列島で最も新しい7300年前(アカホヤ噴火)の少なくとも3回の巨大噴火によって作られたものである。

この章の最初に紹介したように南九州の縄文人を絶滅に追いやったアカホヤ噴火では、火山灰は東北地方にまで達し(図3-8)、海上を走った火砕流は九州南部を直撃した(図3-2)。

まとめ

火山噴火と言えば、マスコミを始めとして多くの人々にとっての最大の関心は富士山の動向であろう。確かに1707年の富士山宝永噴火は、桜島を大隅半島と地続きにした1914年の桜島大正噴火などと共に日本史上最大規模の噴火であった。

しかし「日本史」というのはたかだか2000年、数十万年以上の火山の寿命に比べれば一瞬の記録でしかない。地質学的なデータの揃った過去12万年間を眺めてみると、これらの「大噴火」より遥かに超ド級の「巨大カルデラ噴火」が10回も列島を襲ってきた。

巨大カルデラ噴火と通常の噴火が決定的に異なる点は、その規模である。M7以上の巨大カルデラ噴火では、40立方キロメートル、琵琶湖1・5杯分ものマグマを一気に噴き出すのだ。噴煙は数十キロメートルにまで達し、数百キロメートル離れたところにまで火山灰をもたらすことがある。

また成層圏を漂う火山灰、それに火山ガスに含まれる硫酸の化合物が微粒子をなす「エアロゾル」が太陽光を遮り、そのために地球全体が寒冷化することもある。いわゆる「火山の冬」と呼ばれる現象だ。直近では1991年のフィリピン・ピナツボ火山の大噴火の後、世界的な気温の低下が起きた。噴火後に成層圏の硫酸エアロゾルが急増し始め、3年後に最大値に達したことが、人工衛星からの観測等で確かめられている。従ってこの場合は、噴火と寒冷化には明らかな関連があるといえる。

また、「夏のない年」として知られる1816年には、ヨーロッパや北米は冷夏に襲われ、農作物は壊滅的な被害を受けた。この寒冷化は、インドネシアのタンボラ山の大噴火の影響であると考えられている。

さらには今からおよそ7万4000年前に、現在のインドネシアにあるトバ火山が超巨大噴火をした時には、全世界で5℃気温が下がり、そのために現代人の祖先のホモ・サピエンスは絶滅寸前にまで追いやられた。

巨大な噴煙柱が崩壊すると数百℃という高温の火山灰とガスが渾然一体となって、時速100キロメートル以上で全方位に広がる。これが「巨大火砕流」である。

火砕流の悲劇としてよく知られているのは、西暦79年8月24日に起きたイタリア・ヴェスヴィオ火山の大噴火であろう。翌25日に発生した火砕流は山麓にあったワインと享楽の都市ポンペイを一瞬にして飲み込み、2000人以上の市民を瞬殺した。

また、カルデラ噴火によって華やかな文明が衰退した例も知られている。

古代ギリシャのミノア文明はエーゲ海のクレタ島を中心に栄えたが、紀元前15世紀に突如消滅した。そのきっかけとなったと言われるのがクレタ島の隣にあるサントリーニ島で起きたカルデラ噴火である。

このような暴走的な噴火が列島で起きる可能性はあるのだろうか？　残念ながら、いや当然のこととして世界一の火山大国に暮らす私たち日本人は将来必ずこのタイプの、そしてさらに大規模な噴火に遭遇する運命にある。

今から7300年前、九州南方の鬼界カルデラで起きたアカホヤ噴火は、最先端の文化を育んできた南九州の縄文人を絶滅に追いやった。私たち日本人がその後巨大カルデラ噴火に遭遇していないのは単なる幸運の結果である。

第4章 巨大カルデラ噴火はなぜ起きるのか?

マグマはどうやって生まれるのか

巨大カルデラ噴火の規模は、とにかくゴツい。

噴火の跡には直径20キロメートルにも及ぶ窪地を作るのだから、地下にはそれに相当する空洞ができたはずである。つまり、それだけ巨大なマグマ溜まりが地下に存在していたということになる。

例えば、鹿児島湾と桜島を囲む姶良カルデラは、日本史上最大級の大正噴火を起こした火山である。ここでは、2万9000年前に巨大カルデラ噴火があり、24×20キロメートルの窪地ができて現在は錦江湾となっている。

さて大正噴火はM5・6、マグマの体積は1・6立方キロメートル。東京ドーム1300杯、黒部ダム貯水量の8倍に相当する。これだけのマグマが球形のマグマ溜まりに蓄えられていたとすると、溜まりの直径は約1・4キロ。観測で推定されているマグマ溜まりの大きさと、ほぼ一致する。

一方、姶良の巨大カルデラ噴火であるが、このマグニチュードは8・3、マグマ溜まりの直径は10キロメートルを超える。カルデラの外周と同じ大きさをしたマグマ溜まりがあったとすると、その厚さは1・5キロメートルになる。こんなにも巨大なマグマ溜まりが地下に存在していたのだ。

日本列島には110の活火山がある。つまり、これらのすべての火山の下にマグマ溜まりが存在し、噴火の準備をしていることになる。にもかかわらず、なぜ多くの火山では巨大なマグマ溜まりを形成することなく、山体噴火を繰り返すのだろうか？　なぜ、九州と北海道の火山だけで、巨大なマグマ溜まりが形成されてきたのだろうか？

これは地球科学の最先端の問題であると同時に、将来必ず襲ってくる巨大カルデラ噴火に対する備えを考える上でも重要な課題である。これを解くには、そもそもマグマがどのように生まれて、噴火がなぜ起きるのかを理解しておかなければなるまい。

プレートから絞り出される水がマグマを作る

噴火とは、地球の内部で誕生したマグマが地表へ噴き出す現象だ。つまり、噴火現象の始まりは、マグマの発生なのである。

ところで、先日ある小学校で火山の話をしていた時に、6年生の女の子が手を挙げた。

「先生、マグマって、もともとどんな意味なんですか？」

マグマ学者を自称しているのに恥ずかしい話なのだが、これまでマグマの語源は調べたことがなかった。大慌てである。なんとか話をつなぎながら、手元にあったパソコンでネット検索して、「糊」のようにネバネバした物を表すギリシャ語だと答えることができた。

さてこの章では、そのマグマが、日本列島のようにプレートが地球内部へ潜り込む「沈み込み帯」でどのように発生するのかを、簡単にお話ししておこう。詳しくは『地球の中心で何が起こっているのか』（幻冬舎新書）をご覧いただきたい。

沈み込み帯の火山の「根」は、なんと100キロメートル以上もの深さにある。この辺りで、プレートから絞り出された水とマントルが反応してマグマが誕生する（図4-1）。

プレートは海底を走る大火山山脈である「海嶺」で作られる。例えば、日本列島に沈み込んでいる太平洋プレートは、南北アメリカ大陸の西側の海域を走る東太平洋海嶺で作られている。海嶺では海水が海底からしみ込んで、それがマグマに熱せられて熱水（温泉）となり活発に循環する。その結果、プレートやそれを構成する鉱物は、水をいっぱい含んだスポンジのような状態になるのだ。

台所にあるスポンジに水を含ませてギュッとにぎると、水が滴り落ちる。それと同じように、水を含んだプレートが地球内部へと沈み込んで周囲から圧力を受けると水を吐き出

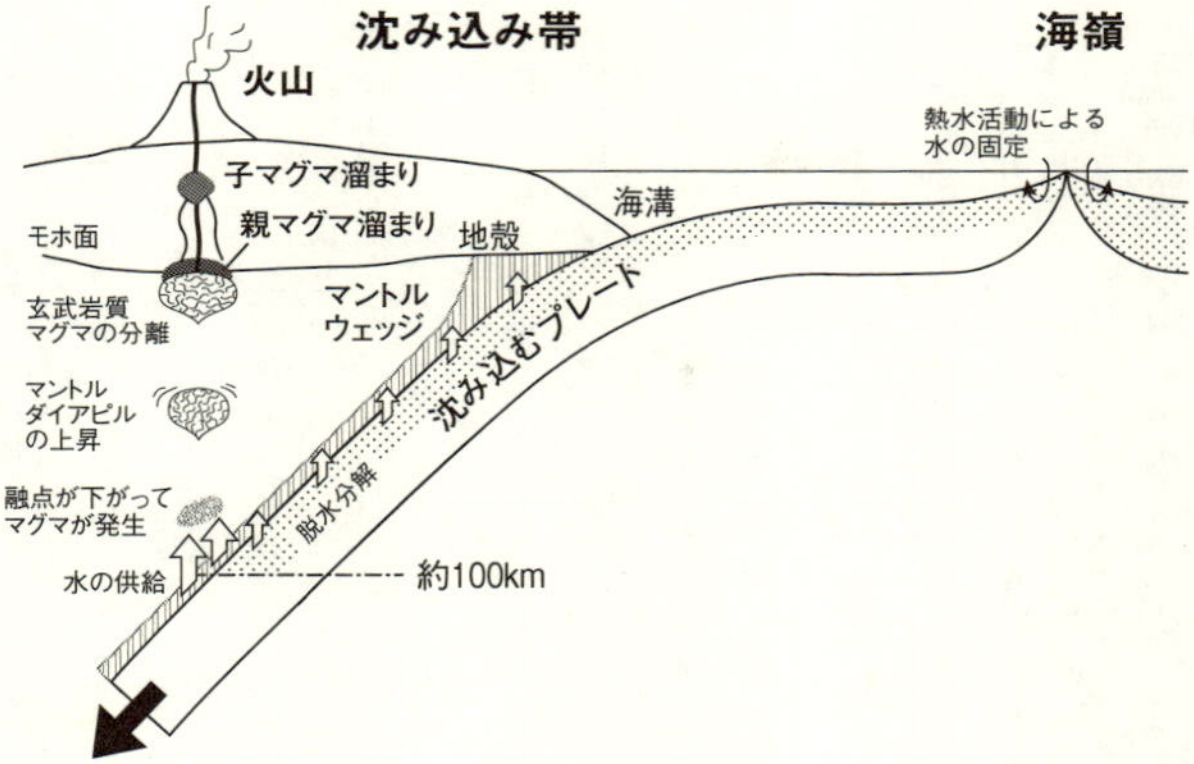

[図4-1] 沈み込み帯におけるマグマの発生と火山の形成

すのだ。

このように、水を含む「含水鉱物」が、水を含まない「無水鉱物」へと変化してその際に水を吐き出す反応を「脱水分解」と呼ぶ。

沈み込むプレートやその近傍でこの反応が起きる深さはほぼ一定で、およそ100キロだ。この数字は、地球上の多くの沈み込み帯でこの深さに達したプレートの直上に火山が列をなして並んでいることから求められたものである。

重要なのはこの水の働きだ。

日常生活では、水をかけると火は消える。だからプレートから水が吐き出されると熱いマグマも冷めて固まってしまうように思われるかもしれない。ところが列島の地下では、この水は数百〜1000℃もの高温なのだ。

これほどの熱水は想像できないかもしれないが、実は私たちはちゃっかりとこのプレートから吐き出された高温水の恩恵に浴している。

列島には2万ヶ所以上の温泉がある。もちろんその多くは火山の恵みである。火山の地下のマグマ溜まりから抜け出したガスや、地表からしみ込んだ雨水が高温のマグマで熱せられたものが火山性温泉である。

だが、兵庫県は火山とはほとんど無縁であるにもかかわらず、400近い温泉が湧く「温泉県」でもある。中でも、神戸裏六甲の「有馬温泉」は日本三大古泉に名を連ねるほどの名泉だ。最高温度98℃の源泉にはとりわけ塩分と炭酸分が多く含まれる。

一方で同じような成分の温泉が六甲山麓に点在することは、あまり知られていない。例えば歌劇で有名な宝塚では、歌劇場の対岸に温泉が湧き出している。セレブの街・芦屋にはなんと市営の温泉があり、大人380円で45℃の源泉掛け流しを楽しむことができる。

この地域にはもちろん活火山はないし、紀伊半島の名泉「龍神温泉」や「白浜温泉」のように地下に高温の岩体が潜んでいるわけでもない。

この有馬型温泉の源は長い間謎であった。ようやく最近になって、南海トラフから沈み込むフィリピン海プレートから絞り出された高温水がその起源であることが解ったようだ。有馬型温泉は「プレート直結温泉」だったのである。ただこの辺りの地下はマグマを発生させるほどの温度には達していないので、温泉だけが地表へ達している。

話を戻そう。プレートから絞り出された水には、とても重要な性質がある。それは周囲の岩石の融点を下げる、つまり融けやすくする働きだ。水が分子と分子をつないでいる結合を切り、つながりがなくなった分子は自由に動き出す、つまり液体となる。これがマグマである。

そもそも地球の内部を融かしてマグマを作る方法は3つある。最も解りやすいのは温度が上がることだ。そして、2つ目は圧力が下がることである。喩えるならば、狭い教室に無理やり座らされていた子供たちを広い空間の体育館に連れていったようなものだ。彼らはきっと元気良く走り回るに違いない。そもそもエネルギッシュな子供たちを狭い教室に閉じ込めるのは難しいのである。

これと同じように、ある物質の体積を増やす、つまり圧力を下げると、分子が自由に動くことができる空間が広がって、融けやすくなるのである。

そして3つ目が、水が加わることである。

火山の地下100キロメートルでマグマが発生するカラクリはご理解いただけただろうか？　もちろんこれだけではまだ火山はできない。マグマが地表まで上がってきて噴火するからこそ火山が作られるのだ。

親マグマ溜まりと子マグマ溜まり

マントルが融けてできたマグマは液体である。だから周囲のマントルを作る固体の岩石よりも軽い。参考までにおよその数字を示しておくと、マグマの密度は約3（グラム／立方センチメートル）、一方固体のマントルは3・3である。

このようにしてできた軽いマグマは、浮力によって固体のマントルの中をスルスルと上昇するかというと、そうはいかない。なぜならば、融点を超えた状態になってマグマができ始めた時点では、まだ融解の程度が小さくマグマの量が少ないからだ。

この時点でのマグマは、マントルを構成する固体の鉱物に囲まれた部分にだけ存在する（図4-2）。このような状況では、軽いマグマが上昇したくても、鉱物と鉱物がくっついた部分がマグマの移動を妨げるのである。

しかし、もっとマグマの量が増えるとマグマ同士が連結するようになる（図4-2）。こう

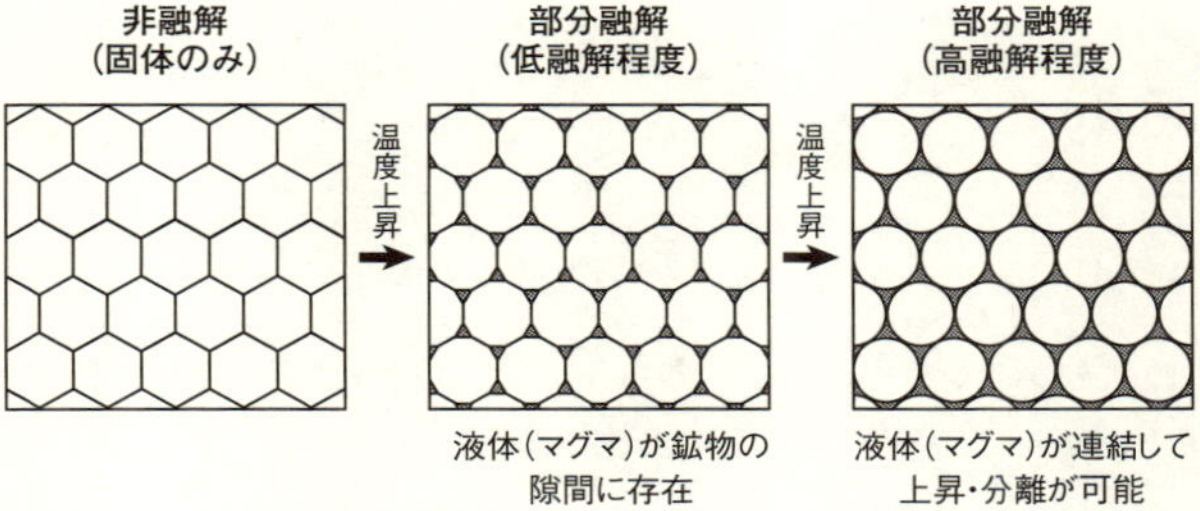

［図4-2］岩石の融解によるマグマの生成とマグマの分離。白地は岩石を構成する固体の鉱物、網かけ部分は液体のマグマ（結晶より密度が小さい）を示す。

なって初めて、軽いマグマはツルッと固体から離れて上昇できるのだ。図に示したように、固体の中に融けた液体（マグマ）が存在するような状態は「部分融解」と呼ばれる。

部分融解して軽いマグマを含むようになったマントルには浮力が働くことになり、融けていないマントルの中をゆっくりと上昇し始める。このように周囲のマントルより軽いために上昇する部分は「マントルダイアピル」（ダイアピルはギリシャ語で、貫入の意味）と呼ばれる（図4-1）。

固体のマントルの中をダイアピルが上昇するなどと言っても、多くの読者諸氏にはピンとこないかもしれない。

しかし、この辺りのマントル（地殻と沈み込むプレートに挟まれて「楔《くさび》」の形をしているので、「マントルウェッジ」と呼ばれる：図4-1）は、1000℃以上の高温状態にあるので、たとえ固体であってもねっとりと動くことができるのだ。

浮力によって上昇するダイアピルはやがて地殻とマントルの境界（モホ面）に達する(図4-1)。すると、密度が3以下の地殻は、マントルに比べてずっと軽いので、ダイアピルはここで浮力を失い上昇できなくなる。

また、この辺りまで上昇してきたダイアピルの中には、10％以上もマグマが含まれているので、マグマは自身の浮力でダイアピルの上部へ集まってしまう。さらには、地殻の底に熱いダイアピルがくっついているため、地殻は熱せられて融けてしまう。

こうして地殻の底、モホ面辺りに「親マグマ溜まり」ができる(図4-1)。「親」と呼んだのは、後で説明するように、日本列島には二次的な、つまり「子」マグマ溜まりも存在するからだ。親マグマ溜まりを作るマグマは、二酸化ケイ素を50％程度含む玄武岩質マグマである。ここではこのマグマは、火山活動の源となるという意味で、「本源マグマ」と呼ばれる。

この玄武岩質本源マグマは、1200℃を超える高温だ(図4-3)。だが、モホ面辺りの地殻の温度は1000℃に満たない。従って親マグマ溜まりは徐々に冷えて結晶化（固

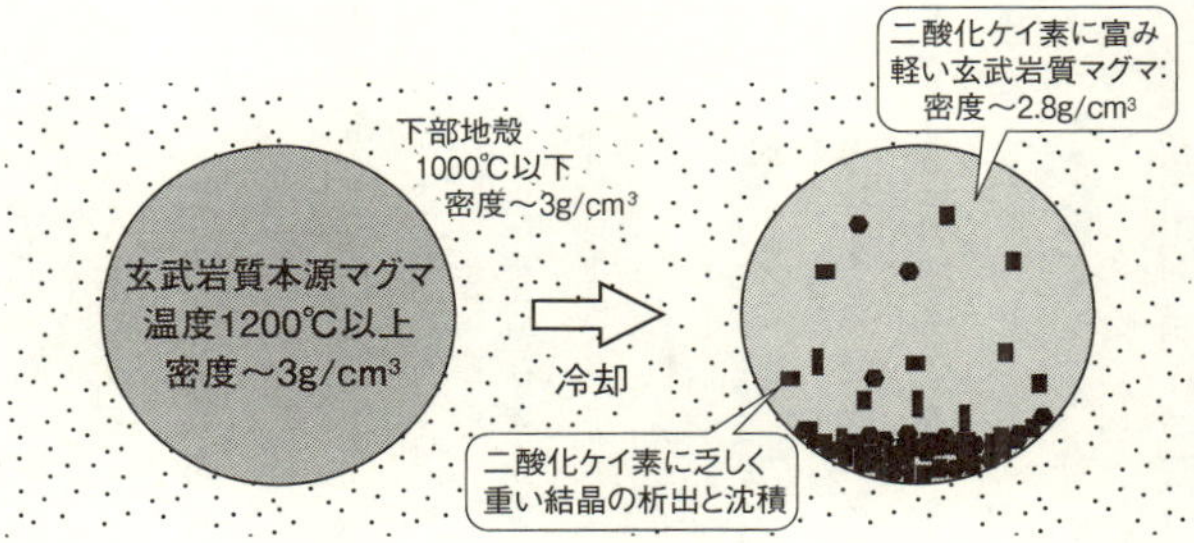

[図4-3] 親マグマ溜まりの冷却に伴う結晶化と軽いマグマの形成

化）が始まる。この時にできる固体の結晶は液体部分のマグマに比べて重いので、マグマ溜まりの底へ積もってしまう。

また、多くの場合、結晶の方が本源マグマより二酸化ケイ素が少ないので、結晶が取り去られたマグマには、だんだんと軽い二酸化ケイ素成分が濃集する。

その結果、重い成分のアルミニウムや鉄が相対的に少なくなってマグマは軽くなってしまう。そして、周囲の地殻より密度が小さくなったマグマは、再び浮力を獲得して上昇を始めるのである。

親マグマ溜まりから上昇を始めたマグマは、深さ数キロメートルから十数キロメートルまで上がってくると、周囲が花崗岩や堆積岩などの軽い岩石でできているために、また浮力を失ってしまう。その結果できるのが「子マグマ溜まり」だ（図4-1）。

この子マグマ溜まりは親マグマ溜まりに比べると小さいので冷えやすく、そのため結晶化も進んで二酸化ケイ素の多い安山岩質のマグマへと変化する。

簡単に言うと、沈み込み帯の火山の下には、この2つのタイプのマグマ溜まり、つまり深くにある大きい玄武岩質の親マグマ溜まりと、浅い所にできる小さめの安山岩質の子マグマ溜まりが存在するのだ。

実際には子マグマ溜まりは、一つではなく複数あると思われる。2011年に溶岩ドームを作った霧島新燃岳では、山体の直下約2キロメートルと、山体の西北西約10キロメートル深さ6キロメートルに子マグマ溜まりがあることが判っている。

火山噴火のメカニズム

子マグマ溜まりからマグマが地表へ噴き出ると、噴火となる。

もちろん子マグマ溜まりにマグマが蓄えられただけでは、噴火には至らない。第1章でも述べたように、このマグマが周囲の岩石よりも軽くなって、しかも割れ目ができないと、マグマは地表へ上がってこない。

多くの火山学者が噴火の引き金と考えている現象は、深い所にある親マグマ溜まりか

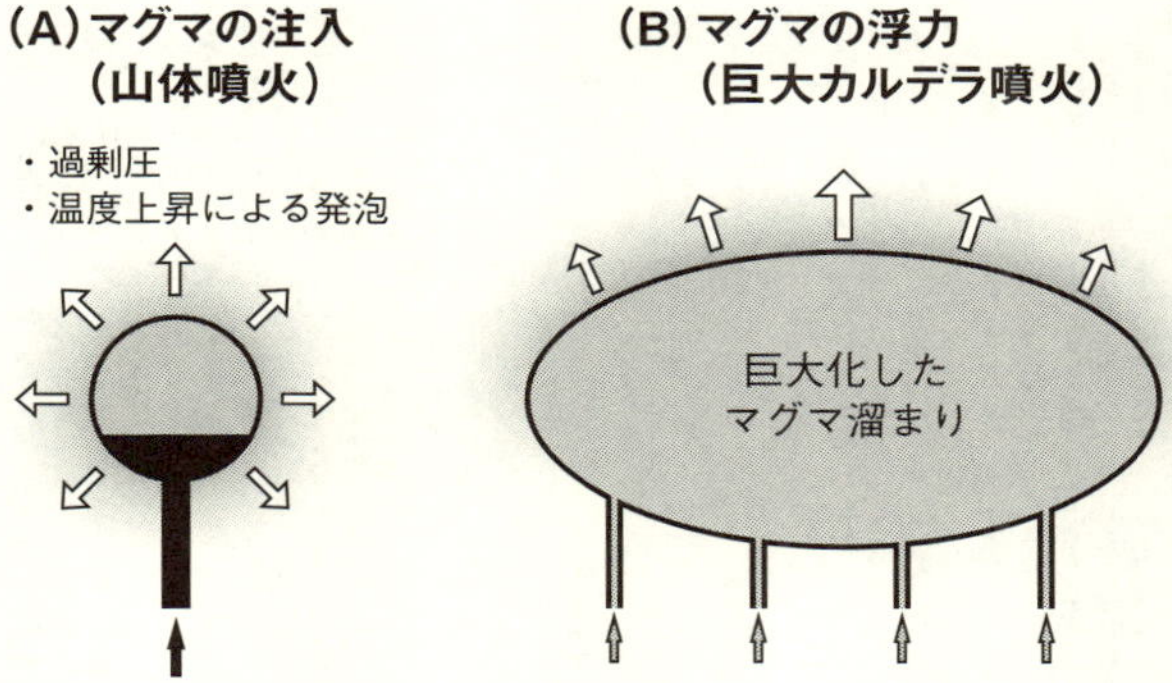

[図4-4] 噴火のメカニズム

ら子マグマ溜まりへマグマが注入されることだ（図4-4Ⓐ）。

ある大きさの子マグマ溜まりに新たにマグマが貫入すると、過剰な圧力がかかった子マグマ溜まりは膨張しようとする。そして周囲の岩盤がこの圧力に耐え切れなくなり、亀裂が走る。

でもここでちょっと不思議なことがある。割れ目ができた時点で、過剰圧は解消されているのではないかという疑念だ。もしそうならば、マグマが注入されても噴火には至らないはずだ。ここで大きな働きをするのが第1章でふれた発泡なのである。

割れ目ができると、その部分では割れ目のスペースの分だけ圧力は下がる。するとマグマに融けていた水が析出・ガス化して、割れ目付近のマグマは発泡して軽くなると同時に、体積が増える、つまり膨張する。そうするとさらに割れ目は広がり、また発泡が進む。

この繰り返し、いわゆる「正のフィードバック」が働いて火道（地表までの通路）が広がり、遂にマグマは地表に達して噴火に至るのだ。

さて、第1章で、噴火の原因を考える際に使ったサイダーの喩えをもう一度。サイダーを温めるとどうなるだろう？　やはり溶け込んでいた炭酸がガス化して発泡する。これと同じことがマグマ溜まりでも起こるのだ。

親マグマ溜まりのマグマは玄武岩質で、子マグマ溜まりの安山岩質マグマよりも200度ほど高温である。つまり、玄武岩マグマが注入されることで子マグマ溜まりの安山岩質マグマは熱せられ、その結果発泡が始まる。するとマグマ溜まりは軽くなって、しかも膨張する。マグマの注入圧に加えてこの膨張圧も加わり、周囲の岩盤は破壊されやすくなる。一旦割れ目ができると、先に述べた正のフィードバックが作動して噴火に至るのだ。

つまり、子マグマ溜まりへ新たにマグマが注入されると、注入圧と温度上昇という2つのメカニズムが同時に働くことによって、噴火が引き起こされるというわけだ。

巨大マグマ溜まり浮上説

先に述べたように、日本列島の多くの火山は、溶岩や火山灰が山頂や山腹の火口から噴き出す「山体噴火」が主な噴火タイプである（図3-7Ⓑ）。

このような噴火で噴出した岩石を調べると、噴火に先だって高温の二酸化ケイ素に乏しいマグマが、マグマ溜まり内へ注入された証拠が残っていることが多い。従って今多くの火山学者は、このメカニズムが山体噴火を引き起こしていると考えている（図4-4Ⓐ）。

では、巨大カルデラ噴火の場合はどうなのか？

単純に考えると、山体噴火を起こすようなマグマ溜まりが、大きく成長すればいいことになる。つまり、何かの弾みで巨大になったマグマ溜まりに、やはり親マグマ溜まりから新たにマグマが供給されることで、超ド級の噴火が始まるかもしれない。

しかしここで忘れてはならないのは、巨大カルデラ噴火のマグマが、二酸化ケイ素成分に富む流紋岩質である点だ。一方で多くの山体噴火では、マグマ溜まりを作るのは安山岩質のマグマである。

最近、このマグマ組成の違いこそが噴火様式の違いを引き起こしているのではないかとする説がある。マグマ自身の巨大な浮力が原動力となるものだ（図4-4Ⓑ）。

何度も話したように、二酸化ケイ素成分の多い流紋岩質のマグマは、とにかく軽い。このような性質のマグマが巨大なマグマ溜まりを作ると、そのマグマ溜まりには大きな浮力が働き、その天井全体を押し上げて破壊しようとする。天井の地盤がこの力に耐え切れなくなると、天井のあちらこちらに割れ目ができて、そこでは圧力が下がる。その結果割れ目の部分で発泡が急速に進み、さらに割れ目が成長することになる。こうして、巨大なマグマ溜まりが地表と直結し噴火が起きる。

私たちは今、この巨大マグマ溜まり浮上説に注目している。巨大カルデラ噴火には山体噴火とは違う独自の噴火メカニズムがあると考えているのだ。

もちろんまだ決着がついたわけではないのだが、このように考える理由を少し述べておくことにしよう。

「べキ乗則」が示す噴火メカニズム

大きな災害が小さな災害と同じような頻度で起きたら大変なことだが、その辺りは自然はうまくできている。巨大な災害は稀にしか起こらない。

災害の大きさと頻度との間には、べキ乗（累乗）の関係がある。つまり災害の規模が大きくなるとその頻度は急激に小さくなるのだ。このような関係を「ベキ乗則」と呼ぶ。

ベキ乗則は災害だけではなく、驚くほど多くの自然現象に当てはまる。万有引力の法則もそうだし、円の面積と半径の関係もベキ乗則に従う。

例えば、半径が2倍になると円の面積は4倍（2の2乗）になり、10倍になると面積は100倍（10の2乗）となる。逆に、半径が半分になると面積は4分の1（2分の1の2乗）、10分の1になると100分の1（10分の1の2乗）となるのだ。

この場合のベキ指数は2である。球の体積は「身の上に失敗あるので参上」だから、この場合のベキ指数は3となる。

ベキ乗則が成り立つのは、何も物理現象だけではない。社会現象や経済現象でもベキ乗則が支配する関係は多い。中でも有名な例は「パレートの法則」と呼ばれるものだ。世の中では一握りの人たちが富を独占しているという法則である。

他に何か面白い例がないかと探していたら、あのAKB48総選挙の結果がベキ乗則に従うらしいとネットに書いてあった。

なにせ、投票総数が268万9427票（2014年）というビッグデータである。十分その可能性はあるのでグラフにプロットしてみた（図4-5Ⓐ）。

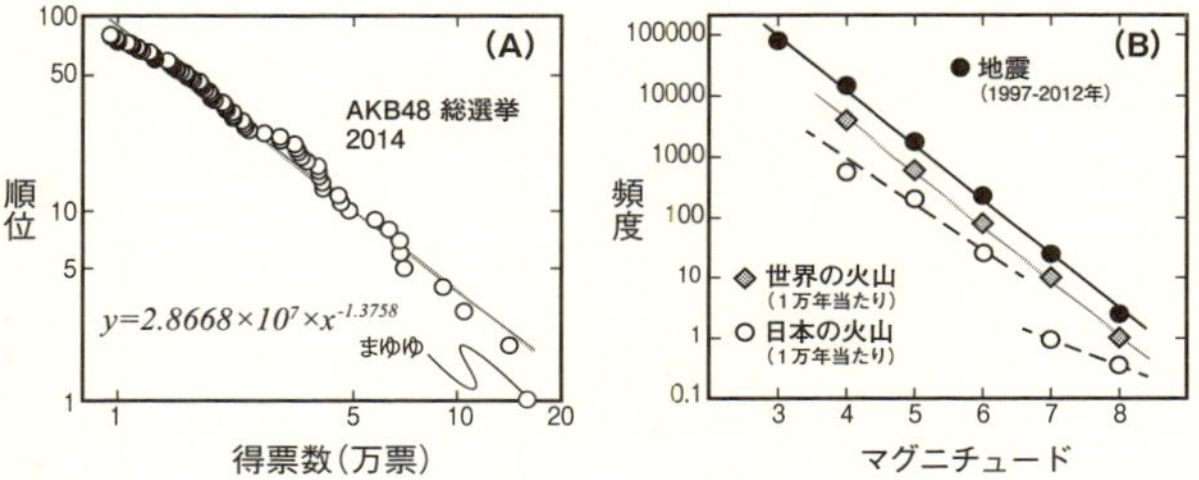

［図4-5］ベキ乗則が支配する様々な現象。(A)AKB総選挙結果。データはAKB48公式サイトによる。(B)地震マグニチュード（GR則）、噴火マグニチュードと頻度の関係。

ベキ乗則に乗る場合は、両対数でグラフを書くと直線で近似できる。見事なものだ。ただ、大逆転でセンターの座を手にした「まゆゆ」の得票数は、ベキ乗則からすると明らかに少なめである。まだ絶対的エースまでは成長していないのか？　どの娘がまゆゆかも解らない私には、解析などできるはずもない。

山体噴火と巨大カルデラ噴火の違い

さて、地震の規模と発生頻度の関係もベキ乗則の一つである。この関係は発見者であるドイツと米国の地震学者の名前をとって、「グーテンベルグ・リヒター（GR）則」と呼ばれている。

図4-5(B)には日本列島周辺で過去15年間に起こった地震について、マグニチュードと頻度の関係を示してあるが、見事な直線関係にある。マグニチュードを

求めるには既にエネルギーの対数を用いているので、厳密には、地震のエネルギーと頻度の間にベキ乗則が成り立つわけだ。こんなにも奇麗な関係が成り立つのなら、日本列島でM８やM９の地震がどれくらいの頻度で起こるかを「予測」することができそうにも思える。ただ、巨大な地震は稀にしか起こらないために誤差も大きくなる。例えば図４-５Ⓑで、M８は２回起こっているのだが、これを倍にしても直線関係は十分に成り立つ。縦軸は対数軸なのである。そんなわけで、GR則はなかなか立派な法則なのだが、残念ながら実効的な地震の予測には使いにくい。

一方でこのGR則は、地震発生のメカニズムについて重要な情報を与えてくれる。ある地域で発生する規模の違う地震が一つのGR則に従うならば、これらの地震は単一の物理法則に従っていて、小さい地震も大きい地震も同じメカニズムで起こっていると考えてよい。

火山の噴火についても、地震と同じようにベキ乗則が成り立つと思われてきた。

確かに世界の火山噴火については、ある範囲では見事な直線関係が成り立つ（図４-５Ⓑ）。火山噴火に対してその規模（マグニチュード）と頻度が直線関係にあるのなら、地震と同じように噴火現象も、その規模によらず同じメカニズムが支配していることになる。つまり、火山噴火はその大小にかかわらず、同じきっかけで起こるというのだ。

もしそうならば、先に述べた山体噴火のメカニズムは巨大噴火にも適用できることになる。

世界の火山噴火についての直線関係があまりにも見事なために、日本の火山専門家の多くは、日本列島の噴火規模と頻度の関係も直線関係だと思い込んでいたようだ。平成25年度の「地震及び火山噴火予知のための観測研究計画」の年次報告で、東京大学地震研究所のグループはそう結論付けている。

一方で噴火マグニチュードという概念を提案した本家本元の早川さんは、そうではないことを見抜いていたようだ。少なくとも2000年の学会で、1本の直線ではなく2本の直線で近似した方が良さそうであることを発表していた。

確かに図4-5(B)の関係は、1本の直線で表すことは難しい。この問題は、比較的小規模な噴火と大規模な噴火が同じメカニズムで起こるのか、それともそれぞれが別の原因で起きるのかという重要な点を含んでいるので、1刻みのマグニチュードで判断するのではなくもう少し詳しく解析する必要があった。

図4-6を見ていただこう。話が相当マニアックになるので、ここでは結果だけを述べ

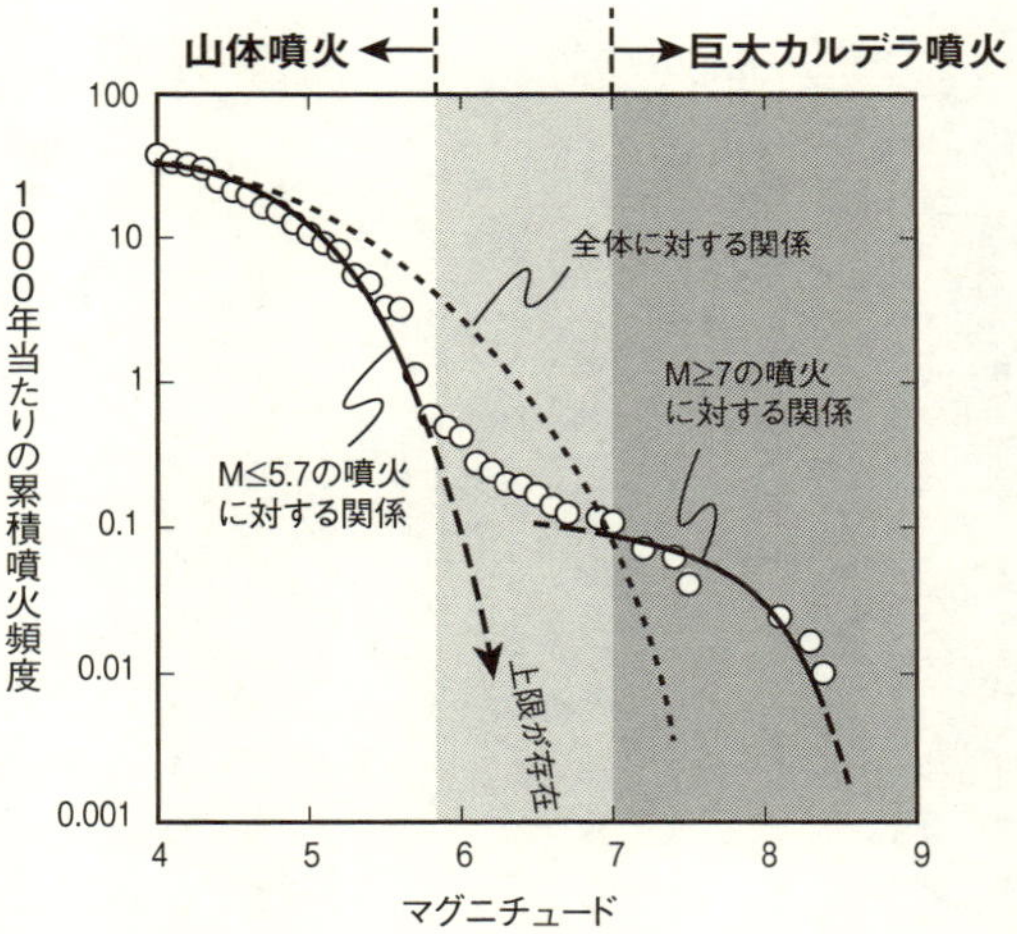

［図4-6］日本列島における過去12万年間の噴火マグニチュードと頻度の関係

ることにするが、日本列島で起きてきた火山噴火の規模（マグニチュード）と頻度（この場合は解析の都合上累積頻度）は、一つの関係式で表すことはできない。

Ｍ６（正確にはＭ５・７）とＭ７辺りでクニャリと曲がっているからだ。一方で、Ｍ５・７とＭ７以上ではきれいに線上に並んでいる。しかもその間は、２つの関係式を足すことで規模と頻度をうまく再現できる。

さてこの図に噴火様式の違いを重ねてみよう。

Ｍ７以上の噴火はすべて陥没カルデラの形成を伴う巨大カルデラ噴火、

M5・7以下ではすべて山体噴火である。その間は、大規模な山体噴火と小規模なカルデラ噴火が混在している。このように、2つの異なる関係式で表される噴火では、明らかに噴火様式が異なっているのだ。

これで、巨大カルデラ噴火は通常の山体噴火とは違うメカニズムで噴火が引き起こされていることが確からしくなった。山体噴火は子マグマ溜まりへ高温のマグマが注入されることが原因となり、巨大カルデラ噴火は軽いマグマが巨大なマグマ溜まりを形成するためにマグマ溜まり自体が浮力を持つことがきっかけとなるようだ（図4-4）。

では一体なぜこのようなマグマ溜まりの大きさやマグマ溜まり内のマグマの化学組成に違いが生じるのだろうか？

流紋岩質マグマの起源

巨大カルデラ噴火の最大の特徴の一つは、二酸化ケイ素が多くて軽い流紋岩質マグマを噴き上げることだ。従って、なぜ巨大カルデラ噴火が起きるのかを知るには、流紋岩質マグマのでき方を押さえておかないといけない。

そのメカニズムは大きく分けて2つある。

一つは、もともとマントルで発生した玄武岩質マグマが結晶化することによってマグマの組成が変化する作用で「結晶分化」と呼ばれる。「分化」という語は細胞分化や種の分化など、生物学で単純なものが複雑なものへ変化する場合に使われるが、マグマの場合は単に組成の変化を意味する。もう一つは、地殻の下部を作る玄武岩質の岩石が融けてできる「部分融解」である。これらは、起源となる成分はどちらも玄武岩質である。違う点は、前者は液体のマグマが冷えて固まっていく過程、後者は温度が上がって固体が融ける過程で流紋岩質マグマができることだ。

まず結晶分化について説明しよう（図4-7Ⓐ）。

図4-3でも説明したように、マントルから地殻へ入ってくる玄武岩質マグマに比べて、地殻はずっと温度が低い。従ってこの玄武岩質マグマは冷える運命にあり、その時にはマグマより二酸化ケイ素に乏しい結晶が析出する。

その結果、結晶以外のマグマの液体部分では二酸化ケイ素成分が相対的に増えることになる。また固体の結晶の方が液体より重い場合が多いので、析出した結晶はマグマ溜まりの底に沈積する。このようなプロセスが進むと、マグマ溜まりの中では二酸化ケイ素の多いマグマが上の方に、そして重い結晶が下の方に集まることになる。こうした結晶分化に

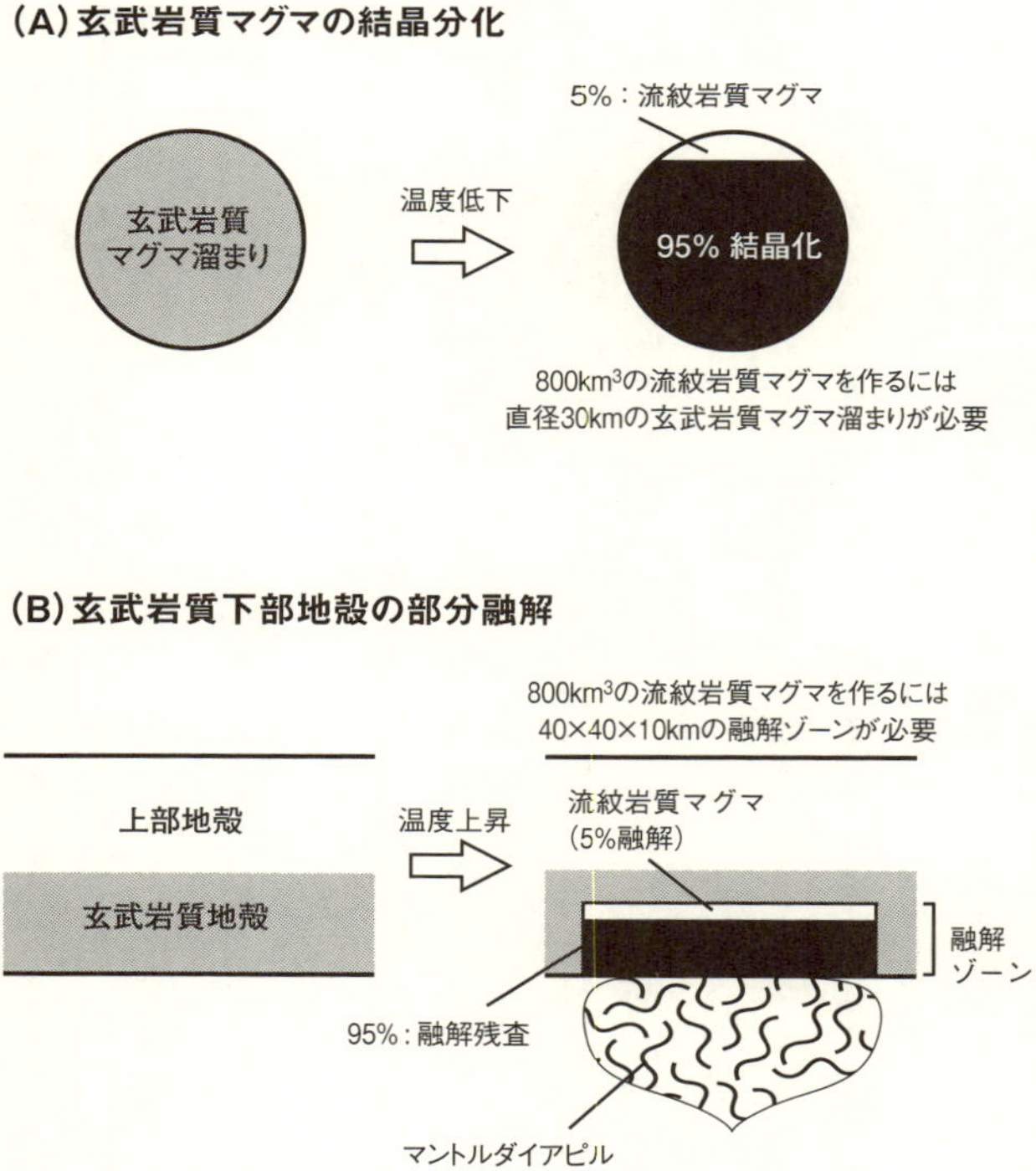

［図4-7］流紋岩質マグマを作る2つのメカニズム

よって、マグマの組成は玄武岩質から安山岩質、さらには流紋岩質へと変化する。

私たちが行った実験によると、玄武岩質マグマが約95％結晶化した時に、残りの5％の液体部分が流紋岩質マグマとなる。つまり、結晶分化作用によって流紋岩質マグマができる場合には、流紋岩質マグマの20倍もの玄武岩質マグマがもともと存在しなければならない。

地球上の流紋岩の中には、玄武岩質マグマの結晶分化作用によって形成されたことが確かめられたものもある。

アメリカ合衆国の西部、スネークリバー地域で多量の玄武岩質の溶岩が流れ出た後に噴出した流紋岩がその代表例である。この地域では圧倒的に玄武岩質マグマの噴出量が多く、流紋岩はほんのわずかしか見られない。このことも結晶分化説と辻褄《つじつま》が合う。

「部分融解」で生まれる流紋岩質マグマ

しかしこのメカニズムでは、巨大カルデラ火山のように多量の流紋岩質マグマを作り出すのはなかなか難しい。なにせ流紋岩質マグマの20倍もの玄武岩質マグマが、一旦地殻の中に貯えられないといけないのだ。

例えば2万9000年前の姶良カルデラ噴火を見てみよう。

この噴火では、約800立方キロメートルの流紋岩質マグマが火砕流や火山灰として噴き出した。このマグマを結晶分化作用で作るとすると、その20倍、つまり1万6000立方キロメートルの玄武岩質マグマが必要である。

これだけの玄武岩質マグマを溜めておくマグマ溜まりの直径は、なんと30キロメートルを超える。

これは姶良カルデラ周辺の地殻の厚さに匹敵する。つまり巨大カルデラ噴火の前には、地殻全体に玄武岩質マグマが存在していたことになる。もしもこんなことが起こっていたのならば、巨大カルデラ噴火に先立って、多量の玄武岩質マグマが噴き出していたはずである。

ところが、姶良カルデラ周辺には玄武岩はほんのわずかしか分布していない。これではいかにも都合が悪い。

では次に、温度が上がるプロセスである「部分融解」を考えてみよう（図4-7Ⓑ）。

先ほども述べたように、マントルから地殻へと入ってくる玄武岩質マグマは、周囲の地殻よりも高温である。そして地震波の伝わり方などを調べることで、地殻の底辺り、下部地殻と呼ばれる部分は、マントルでできる玄武岩質マグマとほぼ同じ組成の深成岩や変成岩でできていることが判っている。従って、高温の玄武岩質親マグマ溜まりの周囲の下部地殻は、玄武岩質マグマによって熱せられて融ける運命にある。

もう一つ、地殻の底が融ける理由がある。それは、モホ面（地殻とマントルの境界）まで上昇してくるマントルダイアピル（図4-1）が1300℃もの高温であることだ。

もちろん岩石は熱が伝わりにくい物質の代表格でもあるので、地殻の底の岩石が直ちに全部融けてしまうわけではない。その一部、特に融点の低い成分がまず融け出し、部分的に融解するのだ（図4-2）。これは、玄武岩質のマグマの大部分が結晶化した状態と同じと考えてよい。例えば、玄武岩質マグマが95％結晶化して5％の流紋岩質の液体が存在している場合と、玄武岩質の下部地殻が5％融けて流紋岩質マグマを作り出している時とでは、流紋岩質マグマの組成は全く同じである。

ではこの部分融解説は、結晶分化説では難しかった多量の流紋岩質マグマの発生をうまく説明できるのだろうか？　部分融解によって、姶良カルデラ噴火で噴出した800立方キロメートルもの流紋岩質マグマを作り出すには、その20倍の融解ゾーンが存在しないといけない。つまり厚さ10キロメートルの下部地殻が、40キロメートル四方にわたって5％

融解したはずである。

岩石の熱伝導率などを考えるとこれも結構苦しいのだが、この領域に匹敵する大きさ、つまり直径40キロメートルの高温マントルダイアピルがモホ面にゴッツンコして地殻を熱すれば、十分可能だ（図4-7Ⓑ）。

もちろん、今説明した2つのメカニズムが同時に働いて、結晶分化と部分融解の両方でできた流紋岩質マグマが一緒に地表へ噴き出る可能性もある。

しかし、マグマの発生量という観点からは、下部地殻の部分融解に軍配が上がる。このことは、姶良カルデラ噴火で噴き上げた軽石の化学組成の解析でも確かめることができた。この軽石の大部分は、下部地殻の岩石が融けた成分だったのである。

巨大カルデラ噴火と山体噴火を分かつもの

日本列島のような沈み込み帯の火山では、多くの場合地殻とマントルの境界のモホ面付近に親マグマ溜まりが作られている（図4-1）。そして、このマグマ溜まりやマントルダイアピルが高温であるために周囲の地殻は融解を起こして部分融解ゾーンができる。この地殻融解ゾーンで作られた流紋岩質マグマが上昇・集積すると巨大なマグマ溜まりを形成して、カルデラ噴火を起こす。

しかしこのようなプロセスがいつも起こるのであれば、日本列島の火山の地下ではどこでも流紋岩質のマグマが作られて、至る所で巨大カルデラ噴火が起こってもよさそうなものである。ところが、110ある列島の活火山のうち、巨大カルデラ噴火を起こした火山はわずかに7つであり、しかもこのタイプの火山は北海道と九州にしか分布していない(図3-8)。

つまり、この地域に限って融解ゾーンで作られた流紋岩質マグマが上昇・集積する条件が揃っているのだ。

場当たり的には、これらの地域では融点が低く融けやすい岩石、例えば砂岩や泥岩が地殻の底あたりを作っていると考えることもできる。しかし、日本列島の地質構造を見ると、そんなことはないようだ。

また、これらの地域で頻繁にマントルダイアピルが上がってくるとか、一つ一つのダイアピルが大きければ、巨大カルデラ火山が作られるかもしれない。しかし、何もこれらの地域で太平洋プレートやフィリピン海プレートが速いスピードで沈み込んでいるわけでもない。だからこのようなメカニズムも考えにくい。

地殻の組成やマントルの状態がそれほど変わらないとするならば、一体何が原因で巨大カルデラ火山が誕生するのだろうか？　私たちは地殻に働く力や、それによる変形の様子に原因があるのではないかと睨んだ。このような地殻の状態の違いによって、マグマの動き方が大きく影響を受けるからだ。

「歪み速度」の違いが、巨大カルデラ火山を生む

ここでもう一度図3-8を見ていただこう。この図には、活断層の解析から求められた地殻の「歪み速度」も示してある。歪み速度が年間5×10^{-7}以上の地域は白抜き、それ以下の地域が灰色で塗ってある。

この図を見ると、巨大カルデラ火山は歪み速度が小さい地域に分布していることが判る。東北地方や中部地方は火山が密集する地域ではあるが、歪み速度が大きい傾向があり、巨大カルデラ火山は存在しない。それに対して、北海道や九州は一部地域を除けば歪み速度が小さく、そこにだけ巨大カルデラ火山が形成されているのだ。

「歪み速度」が違うと言われても、多くの方はチンプンカンプンに違いない。

歪み速度とは、単位時間当たりの変形割合を表すのだが、図4-8に示すように、歪み

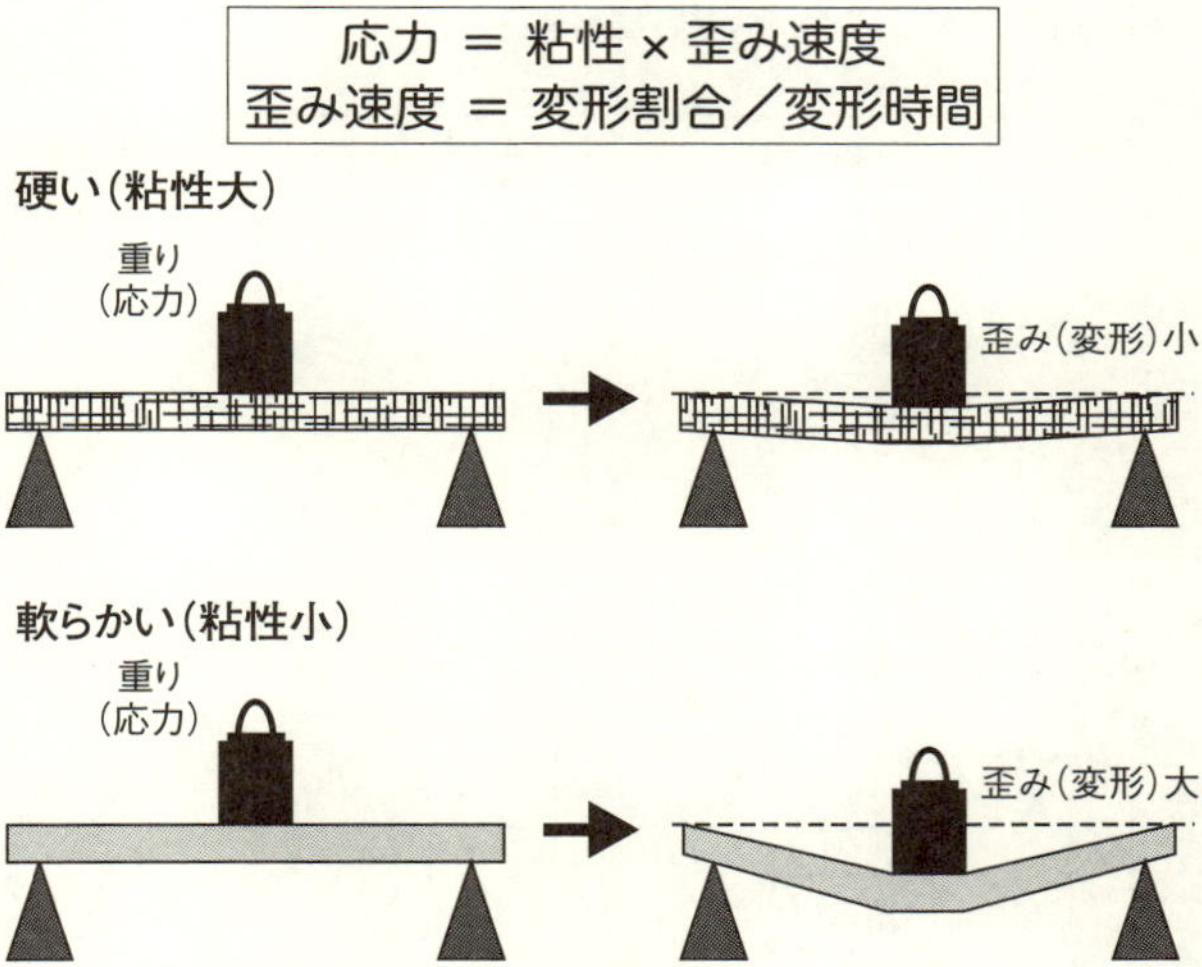

［図4-8］応力と粘性、歪み速度の関係

速度に粘性を掛けるとその物質に働く力、「応力」となる。

解りやすくするために、沈み込むプレートによってぎゅうぎゅう押されているところでは、地殻にかかる応力は、ほぼ同じだとしよう。

図4-8では、同じ重さの重りを2つの性質の違う石の板の上に載せた様子を示してある。これは応力一定の下での列島の地盤の変形の仕方を、模擬的に再現した実験だと思っていただきたい。

片方の板は粘り気（粘性）が大きく変形しにくい。つまり硬い性質を示す。もう一方は、粘性が小さく軟らかな特

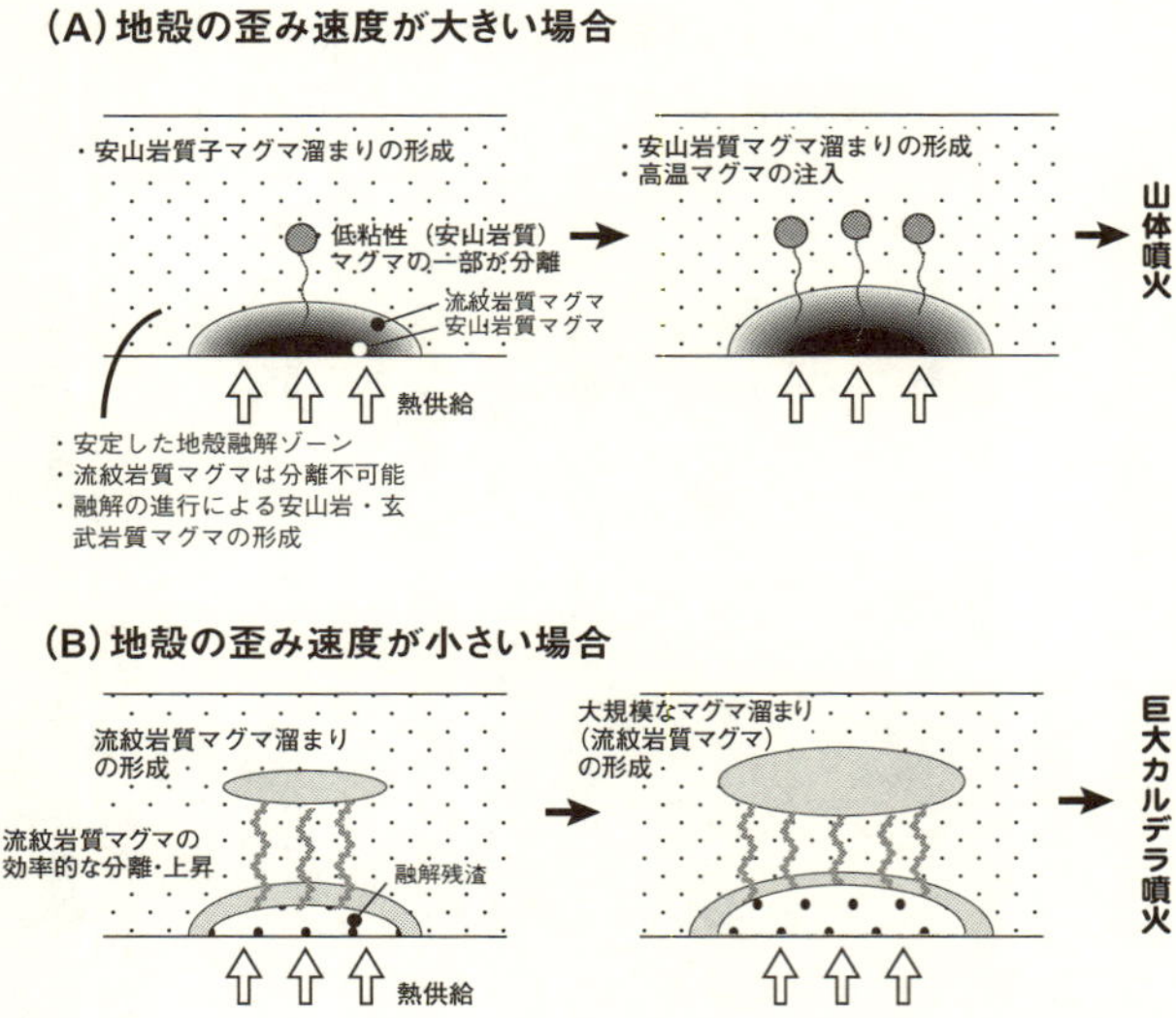

［図4-9］地殻の歪み速度の違いによって起きる山体噴火と巨大カルデラ噴火

性を持っている。時間が経つと岩板は歪んで変形するが、粘性の小さなものの方がその歪み量は大きい、つまり歪み速度は大きくなるというわけだ。

では、地盤の歪み速度もしくは変形しやすさの違いは、地殻の下部でできたマグマの挙動をどのようにコントロールするのだろうか？　このことを模式的に示したのが図4-9だ。

地殻の歪み速度が大きい、すなわち粘性が低くて軟らかい場合（図4-9Ⓐ）には、融解ゾーンにある固体（岩石）はすぐに変形してしまい、浮力で上昇しようとするマグマをトラップしてしまう。その結果安定した融解ゾーンが形成され、融解がどんどん進んでしまうのだ。

やがてマグマの量が増えてその組成が安山岩質になった部分では粘性が低くなり、ようやく融解ゾーンからマグマが分離・上昇できるようになる。

この場合には安山岩質になったマグマだけが上昇するために、比較的小さな子マグマ溜まりが形成されることになる。この子マグマ溜まりへ融解ゾーンや親マグマ溜まりから高温のマグマが注入されるために、噴火が起こる（図4-4Ⓐ）。

このような噴火では、一度できた「火道」は、その後もマグマの上昇通路として使われることになる。その結果、同じ火口から噴火が起こりやすくなる。このようにして何度も噴火を繰り返すうちに火山体はだんだんと大きく成長するのだ。これが山体噴火である。

一方で、地殻の歪み速度が小さく、粘性が比較的高くて硬い場合には、固体部分が変形しないために、軽い流紋岩質マグマが発生すると、すぐにその浮力で融解ゾーンから分離してしまう（図4-9Ⓑ）。こうして次々と流紋岩質マグマが上昇し、これらが集積して巨大なマグマ溜まりが形成される。先に述べたように、このような流紋岩質の巨大なマグマ溜まりには強烈な浮力が働く。その結果巨大マグマ溜まりの天井付近にはいくつもの割れ目が発達して、その割れ目から多量のマグマが噴出される。そして空洞となったマグマ溜まりでは天井が崩落して、陥没カルデラとなるのだ。

少しややこしかったかもしれない。でも、地殻の特性の違いが山体噴火をするような火山になるか、それとも巨大カルデラ火山となるかをコントロールしているらしいことは頭に入れておいていただきたい。九州と北海道は、巨大カルデラ火山ができやすい状態にあるのだ。

まとめ

日本列島の地下では、地球内部へ沈み込むプレートに圧力がかかることで水が絞り出される。

この水にはマントルの物質を融けやすくするという性質があり、そのためにマグマが発生する。このマグマは軽いので周囲のマントルと共に「マントルダイアピル」として、モホ面まで上昇してくる。その結果地殻の底付近の岩石は融けて、流紋岩質マグマを含む融解ゾーンを形成する。

地殻の歪み速度が大きいと、この融解ゾーンから粘っこい流紋岩質マグマだけが上昇することは困難である。その結果どんどんと融解が進行して、やがてマグマはもっとサラサラの安山岩〜玄武岩質となり、この時点で初めてマグマは融解ゾーンから分離して上昇を始める。このマグマが火山直下の比較的浅い所に子マグマ溜まりを形成する。このマグマ溜まりに、親マグマ溜まりからマグマが供給されると圧力が高まって噴火に至るのだ。このメカニズムが、日本列島の多くの火山で山体噴火を起こす。

一方で、北海道や九州のように地殻の歪み速度が小さい地域では、融解ゾーンでできた流紋岩質マグマも比較的簡単に次々と上昇することができる。このようなマグマが地殻内に集積すると巨大なマグマ溜まりが形成されることになる。このマグマ溜まりを充填する流紋岩質マグマは軽いので、マグマ溜まり全体が大きな浮力を持ち、そのためにマグマ溜まりの天井が破壊されて巨大カルデラ噴火に至るようだ。

北海道と九州は巨大カルデラ噴火の「危険地帯」なのである。

第5章 巨大カルデラ噴火に備える

火山の寿命と我々の覚悟

現在は、およそ過去1万年以内に噴火した火山および、現在活発な噴気活動のある火山を活火山と呼んでいる。要はいつ噴火してもおかしくない火山を指す。

しかし1918年（大正7年）にわが国で初めて活火山が定義されて以来、つい最近までは、噴火記録の有無が活火山を認定する時の判断基準となっていた。敢えて数字で表すと、2000年程度が目安とされてきたのである。

また活火山と同時に「休火山」「死火山」という用語も併用されていた時代があった。この場合は、活火山は現在活動中の火山、休火山は噴火記録はあるものの現在では活動していない火山、そして死火山は噴火記録が存在しない火山である。

つまり、最後の活動から2000年以上を経た火山は、もはや寿命が尽きてしまって今後活動する見込みはないと判断されたのだ。

しかしながら、ちょっと考えると解るようにこの数字には科学的な意味はない。記録の有無という基準だと、日本列島と同じようにプレートの沈み込みによって活動するアメリカ合衆国西部の火山の寿命は500年程度、つまり合衆国の建国以来になってしまうだろう。決して人間が自然現象を支配しているわけではないので、人間の歴史などで火山の営みを評価してはいけないのだ。

このことは、死火山に分類された火山が突如噴火を起こしたことで証明されてしまう。例えば1979年の御嶽山の噴火である。そこで国際的にも1万年という数字が火山の寿命として適切だと考えられるようになった。1万年という数字は、先にも述べたように4階建ての富士山の中で最も新しい活動ステージが始まった年代に相当する。

ここで注意しないといけないことは、富士山の活動は数十万年前の先小御岳火山の誕生まで遡ることだ。つまり火山の寿命は1万年よりは遥かに長く、活火山に指定されていない火山が突如噴火を始めても何の不思議もないのである。

最終章の冒頭でこんなことを述べたのは、人間の歴史と比べて火山の営みは遥かに長いことをあらためて、しっかりと頭に入れていただきたいからである。このことがこれから述べる巨大カルデラ噴火に対して私たち日本人が持つべき覚悟と大いに関係する。

この火山列島では、富士山宝永噴火や桜島大正噴火などを遥かにしのぐ「巨大カルデラ噴火」が幾度となく起こってきた（図3-8）。この超ド級の噴火に対して私たちはどう向き合えばいいのだろうか？　そもそもこのような噴火はいつどこで起こると予想されるのだろうか？　そしてもし起こるとすればどのような被害が想定されるのだろうか？

いつ巨大カルデラ噴火は起こるか？

日本列島では過去12万年間に10回の巨大カルデラ噴火が起こってきた。図5−1はこれらを年代順に並べたものである。このようなデータを前にして、次のように解説をする専門家をよく見かける。

「12万年で10回ですから、平均周期は1万2000年。そして直近は7300年前の鬼界アカホヤ噴火です。だからそろそろ日本列島は危険な時期を迎えていると言えます」

またもっと「煽り系」の人たちは、こう言うに違いない。

「日本史上で最大規模の噴火だった宝永富士山噴火（M5・2）や大正桜島噴火（M5・5）をはるかにしのぐ噴火、例えば6万6000年前に横浜まで火砕流が到達した箱根の強羅カルデラ噴火（M6・1）クラスの噴火は過去12万年間に20回も起きています（図5−1）。このような『巨大噴火』の平均周期は5800年です。直近の鬼界アカホヤ噴火から7300年経た現在は、もはや非常に危険な状態と考えるべきでしょう」

しかしこのような「警告」を聞いても、よほど心配性な人以外は危機感を持たないので

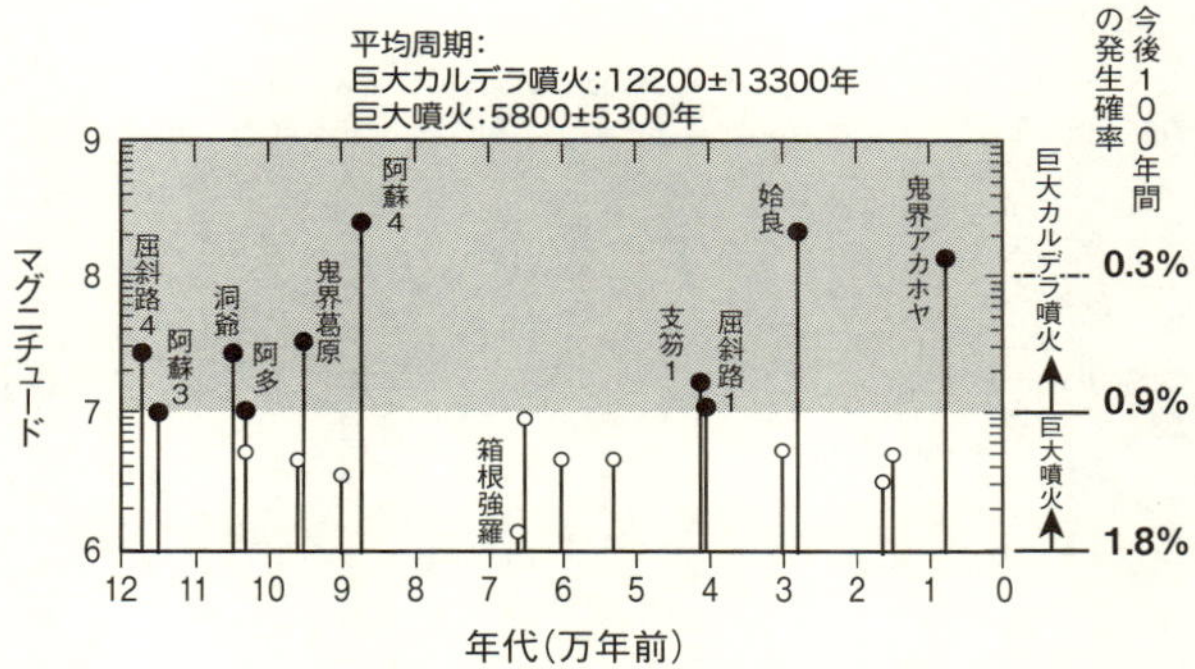

［図5-1］過去12万年間に日本列島で起きた巨大カルデラ噴火と巨大噴火

はなかろうか？　なぜならば、図を見るとすぐに判るように、「周期性」が極めて弱いからである。ちなみにその標準偏差（誤差）は平均周期と同程度である。つまりこの平均周期は、ほとんど意味をなさない。

さらに、もし仮に平均周期に意味があると受け止めるのであるならば、鬼界アカホヤ噴火の次に起こる巨大カルデラ噴火までには、４７００年の猶予があることになる。

そうなると、こんなに遠い将来の試練に備えるよりは、もっと切羽詰まった現象に対策を講ずる方が大切じゃないかと考える人が多いだろう。例えば毎年繰り返される豪雨災害や、今後30年間で70〜80％程度の高い確率で発生するとされる首都直下地震や南海トラフ巨大地震がそれである。

巨大カルデラ噴火の「周期」

そもそも巨大カルデラ噴火の「周期」とは、どのような現象に対応しているのだろうか？

すでに言及しているように（図3−7、図4−4など）、この噴火は地下に形成された巨大なマグマ溜まりが浮力を持ち、そのためにマグマ溜まりの天井が崩れることで始まる。従って、巨大カルデラ噴火に周期があるとするならば、それは一定量のマグマが地下に蓄積する時間に相当するはずだ。このメカニズムは、地震発生の周期とよく似ている（図5−2）。

地震の場合は、歪みがある程度蓄積し、地盤が破壊されることで周期性を持つと考えることができる。

図5−2では、ある火山（断層）について過去に6回（t_1〜t_6）の噴火（地震）が起きたとしている。それぞれの間隔をP_1〜P_5とすると、これらが比較的よく揃っている場合は周期性があると考えることができる。そしてその場合には、次回の発生時期をある程度予測することは可能である。

しかしここで注意しなければならないことは、このような予測はある特定の火山や断層

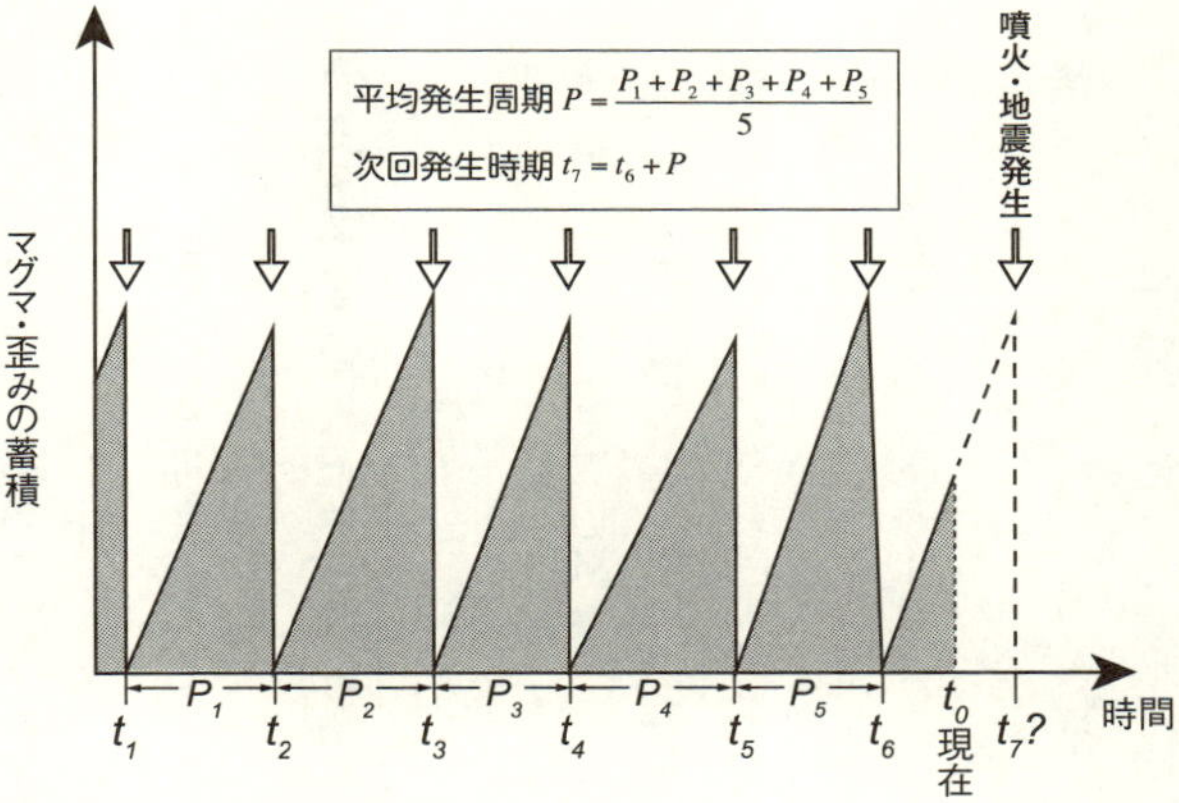

［図5-2］地震や噴火の周期性

に対してのみ、成り立つことである。

例えばいわゆる首都直下地震について周期を云々することはそもそも意味がない。なぜならば、この地震は、首都圏の下へ潜り込む2つのプレート（太平洋プレートとフィリピン海プレート）によって引き起こされるものと、これらに押されて内陸部の断層が活動するものという全くメカニズムの異なる地震を含んでいるからである。

全く同様に、巨大カルデラ噴火についても、図5－1に基づいてその周期を求めてはいけない。このデータには7つのカルデラ火山の噴火が含まれており、それぞれの火山では全く独立してマグマの蓄積が行われているのだ。もしも周期を議論するのであるならば、それぞれの火山についての周期性を考えないといけない。しかし過去12万年間では、阿蘇と屈斜路それに鬼界では2回、他の火山では1回しか巨大カルデラ噴火は起きておらず、とても、各火山ごとの周期を求めることはできないのだ。

発生確率を示す、ポアソン分布

では、図5-1に示したような過去の噴火史を使って、将来の噴火を予測することはできないのだろうか？

そう悲観的になることはない。このように、それぞれの事象が小さい確率で全く独立してランダムに起こる場合に、その発生確率を示す「ポアソン分布」と呼ばれる確率分布がある。

このポアソン分布を用いた統計解析の有効性を示したのは、ドイツで活躍したロシア生まれの統計学者ボルトキーヴィッチである。彼は、あちこちの騎馬連隊で「馬に蹴られて死亡した兵士の数」をポアソン分布で表すことができることに気づいた。そしてこのことに基づいて、今後どれくらいの兵士が馬に蹴られて死亡するかを予測してみせたのである。

もっと身近な例で言うと、飛行機事故や交通事故で死亡する確率もポアソン分布に従う。

さらには、退社まであと30分、上司から急ぎの仕事が入って彼女との高級レストランでのディナーがご破算になる可能性なども、ポアソン分布は予想してくれるのだ。

それでは巨大カルデラ噴火の場合を考えてみよう。

まずこの噴火は頻繁には起こらない、いやむしろ極めて稀な現象である。この点でポアソン分布を示す条件の一つをクリアしている。

また、ある特定の火山ではなく日本列島全体の火山で起こる噴火を対象としているので、それぞれの噴火の間に全く因果関係はない。つまり、それぞれの巨大カルデラ噴火は独立した現象である。

図5-1で、例えば屈斜路4と阿蘇3の巨大カルデラ噴火は「連動」しているように見えるかもしれないが、これら2つの火山は別のプレートがそれぞれ違うプレートの下へ潜り込む（屈斜路は太平洋プレートが北米プレートの下へ、阿蘇はフィリピン海プレートがユーラシアプレートの下へ）ことでマグマが作られているのだ。

たまたま今は屈斜路と阿蘇の2つの火山は日本という国に属しているだけであって、1991年に起きたフィリピン、ピナツボ山の大噴火と雲仙普賢岳の噴火に因果関係がないのと同じである。もっとも、地球上のあちこちで起こる噴火や地震がすべて関連して起こっているなどと言う人もいるが、科学的な根拠はゼロである。

従って、列島で起こる巨大カルデラ噴火の発生時期はポアソン分布に従うと考えてよい。そこでこの統計手法に基づいて今後100年間に噴火が起きる確率を求めた結果を図5-1に示してある。M7以上の巨大カルデラ噴火は1%弱、その中でもさらに規模のでかいM8クラスは、その3分の1程度の確率である。ちなみに箱根の強羅噴火クラス以上の巨大噴火は2%弱の確率で起こると予想することができる。

巨大カルデラ噴火の今後100年間の発生確率が1%程度と聞いて、多くの読者は「じゃあ99%は大丈夫なのね！」と安心するかもしれない。はたしてこの確率は安心してよい値なのだろうか？

発生確率1%の意味すること

そもそも予測や予報と呼ばれるものでは、その現象が起こる確率を示すことが必要だ。例としてなじみ深い天気予報を挙げてみよう。一昔前の天気予報では、「明日の都内の天気は、晴れ時々曇り、所によってはにわか雨が降るでしょう」などと、真面目な顔をしたおじさんが言っていたものだ。

しかしこれでは、私たちはどうしてよいのか判らない。用心深い人は傘を持っていったけれど使うことなく、結局電車に忘れてくるなんてことになる。一方で、まあ大丈夫だろうと高を括っていたら駅を出たら雨、結局タクシーに乗ってお小遣いが減ってしまう、なんてこともあるだろう。

しかし天気予報の進歩には、目を見張るものがあった。

最近では、明日の午前6時から正午までの東京都港区の降水確率は40％、と教えてくれる。降水確率が示すのはこの6時間に1ミリ以上の雨、つまり、まあなんとか傘なしでも辛抱できる雨が降る確率である。だからおおざっぱな目安としては、50％以上の降水確率なら傘を持っていけばよい。

こんな便利な予報が出るようになったのは、密に配置された「アメダス」などの観測システムの整備、厖大なデータの統計的な解析、それに気象現象に関する理論的解析、超大型コンピュータを使った予測シミュレーションなどが進んだおかげである。

一方で、地震や火山噴火の予測は、まだまだ天気予報の足元にも及んでいない。

でもそれは、決して地震学者や火山学者がサボっているからではない。地震や噴火は稀にしか起こらない現象なので、正確な予測に必要なデータが揃っていないのである。また、地震や噴火の原因はなかなか複雑で、理論的に取り扱うことが難しいのだ。

地震予知の「短期予知」は不可能

本題に入る前に言い訳をしているような気もするが、この点を踏まえて、地震や噴火の予測についてお話ししよう。

いわゆる地震予知とは、将来起きる地震または地震動（揺れ）の場所、日時、そして規模を知らせることである。この地震予知の中には、少なくとも3つの異なった性質のものが含まれている。

一つ目は、最近では携帯電話などにメールが配信される「緊急地震速報」のような「直前予報」だ。日本全国に配置された地震計で観測したP波（第一波）の解析によって、その地震の位置と規模を瞬時に決定してその後の揺れの予告を行う。大きな揺れを起こすS波（第二波）はP波に比べてゆっくりと伝わるために、震源から離れた場所では「猶予時間」が生じることになる。心の準備や火元確認、それに最低限の避難に大いに役立つシステムである。

もちろん速報の配信が揺れの到達に間に合わないこともあるし、落雷などで誤報が発せられることもある。しかし、東海道新幹線に対する地震対策として始まったこのシステムは相当信頼度の高い予報であり、わが国が世界に誇るべきものだ。

もう一つのカテゴリーが「短期予知」である。通常、地震予知という場合にはこれをさす場合が多い。短期予知は、地震の前兆現象を検知し、それに基づいて比較的近い将来、概ね数時間〜数ヶ月先に発生する地震の日時、場所、規模をある程度正確に、かつ比較的高い信頼性で予知するものだ。

ここで問題になるのが、「ある程度」とか「比較的高い」とかの曖昧な部分である。一般的な感覚では、発生時刻の誤差は数日以下、場所については誤差50キロメートル、規模についてはエネルギーが2倍になるマグニチュード0・2の誤差が許容範囲であろう。また信頼性に関しては、この予知情報が出たことによる様々な影響を考えると、9割以上の確からしさを持たねばならないと感じる。

現状ではこの短期予知は不可能だ。地震発生の前に起きる「前兆現象」を捉えることができればよいのだが、未だに科学的に確かな前兆現象は見つかっていないのだ。

もちろん地震予知に成功したと吹聴する人たちもいる。

例えばある専門家は、電磁波の変動を解析して前兆現象を見出して、2015年5月30

日の小笠原西方沖地震（M8・1）を予知したそうだ。ある時、テレビ局の控え室でこの先生にお会いしたので、この時に電磁波異常が起きた原因を尋ねてみた。

その答えは驚くべきものだった。地震発生前の地盤の破壊に伴ってラドンが発生して、それが電離層に異変を起こしたという。だがこの地震の震源は地下680キロメートルにあったのだ。そこで発生したラドンが電離層まで達するとは、とても考えられない。その他にもいろんな前兆現象が取りざたされているが、いずれも科学的な根拠はない。

阪神・淡路大震災前日の発生確率は、0・02〜8%

地震予知の3番目は「中長期予測」である。

これは、ある活断層や海溝型地震の震源域について過去の活動時期から地震が起きる周期を求めて、それに基づいて将来の地震の発生時期や規模、併せて各地の揺れを推定するものである。これらの結果は「地震調査研究推進本部」のホームページ（http://www.jishin.go.jp/）に掲載されている。

この組織は、先に述べた短期予知を目指した「地震予知計画」が、1995年に発生した兵庫県南部地震（阪神・淡路大震災）に対して全く無力であった反省に基づいて、総理

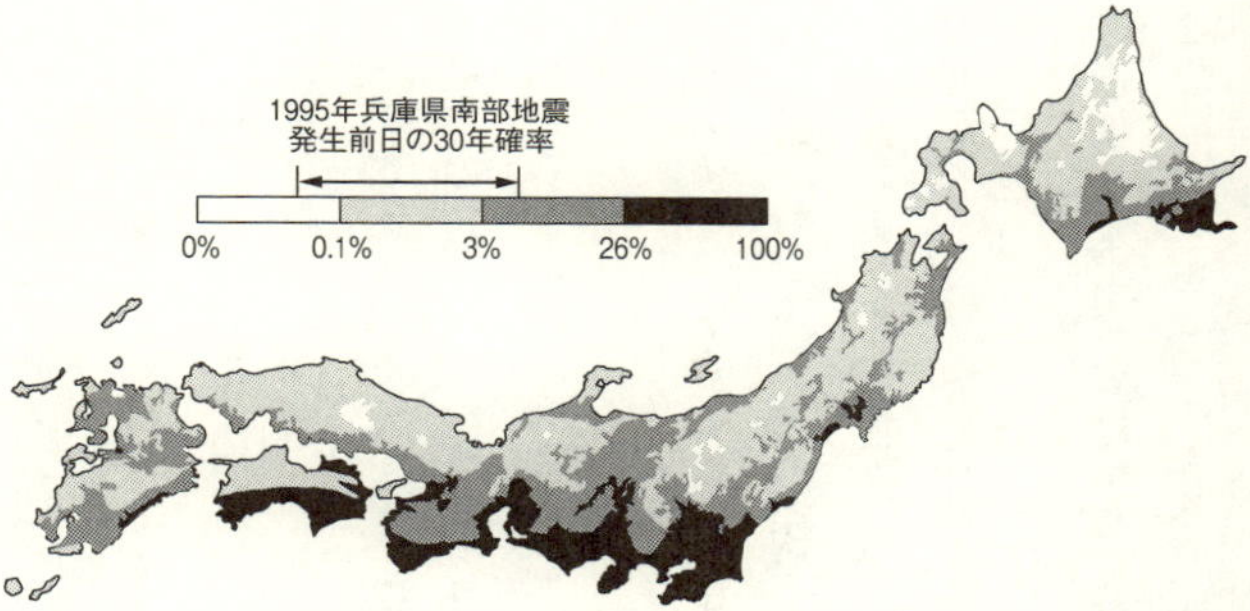

［図5-3］今後30年間に震度6弱以上の揺れが起きる確率

府（現・文部科学省）に設置されたもので、地震に関する調査や研究を一元的に統括している。

推進本部が公表した2014年から30年間に震度6弱以上の揺れに見舞われる確率を図5-3に示す。3・11では東京都内の最大震度が5強であったことを考えると、6弱以上の揺れというのは大地震と認識すべきものだ。

さてこの図を見ると、列島の3分の1程度の領域で、3％以上の確率でこの大地震に見舞われることが判る。さらには、30年間発生確率が70％を超える南海トラフ巨大地震や、首都直下地震の影響を受ける九州南西部から関東地方までの太平洋岸では、26％以上の確率で震度6弱以上の揺れに襲われる。

これらを知ると、改めて私たちが地震列島に暮らしていることを実感できる。

一方で、この列島には地震に見舞われる確率が低い地域も存在する。中国地方や東北地方の日本海側、それに北海道である。きっと多くの方は、これらの地域は地震に関しては「大丈夫」だと感じるのではないだろうか？

しかしそれは間違いである！

このことは、同じく推進本部が公表している1995年兵庫県南部地震（阪神・淡路大震災）の発生確率を見ると納得できる。この地震が起きた後、震源となった断層系に対しての調査が進み、過去にこの断層系が活動して地震を起こしてきた周期がある程度判ってきた。

そのデータをもとに、地震発生の前日1月16日における30年間発生確率を求めると、なんと0・02〜8％、不確かさを考慮すればおよそ1％という数字になるのだ（図5-3）。

これほどの低い確率であったにもかかわらず、その翌日にはあの惨劇が起きたのだ。この他にも、地震発生確率が極めて低いにもかかわらず、その直後に地震が発生した例は多い。

これらの事実を真摯に受け止めるならば、図5-3を見て私たちは、日本列島はいつどこで地震が起こっても不思議ではないと認識すべきであろう。

巨大カルデラ噴火の発生確率

さて次はいよいよ巨大カルデラ噴火の発生確率である。

もう一度、図5-1に示した今後100年間の発生確率を見ていただこう。M7以上では0・9%、M8以上では0・3%の確率で巨大カルデラ噴火が起こるのだ。

もちろん南海トラフや首都直下地震に比べると格段に低い発生確率ではあるが、先に述べた阪神・淡路大震災とほぼ同程度である。

つまり、巨大カルデラ噴火はいつ起きても不思議ではない。このことはしっかりとここに留めておいていただきたい。

しかし、「いつ起きても不思議ではない」という表現には、私は忸怩たる思いがある。いつ起きても……というのは、「日本が世界一の火山大国、地震大国である」という事実を言い換えたに過ぎないからだ。敢えて言えば、それだけを強調するのなら今ここで示したような確率的予測は必要ないのかもしれない。

一方、統計学者の中には、地震や火山噴火の予測にはもっと意味のある確率を用いるべきだと主張する人が多い。そのような人たちは「ベイジアン」と呼ばれる。18世紀の英国の数学者であるトーマス・ベイズの流れを汲む人たちである。

先に示したような頻度に基づく確率に加えて、例えば地震前の地殻の歪みの変化、火山噴火の前の山体の膨張変化等に基づいて確率を修正（「ベイズ更新」と呼ぶ）すべきであるとベイジアンは言うのだ。

全くもってその通りである。このような確率を求めることで、地震や噴火の「切迫度」を表現できるに違いない。しかし現時点では「修正の仕方」がよく解らない。

今後はこのような観点で観測データに基づいてより意味のある発生確率を求めていきたいものである。

どこで巨大カルデラ噴火が起こる可能性が高いか

とてつもない量のマグマが一気に噴き出す巨大カルデラ噴火。このとてつもない噴火による被害を予測するためには、どこで巨大カルデラ噴火が起こる可能性が高いかを知っておかねばならない。国内といえども、それが伊豆諸島のはるか南方で起きた場合には、それほど甚大な被害は考えなくてもよい。一方で、はるかに人口の集中する地域の近傍で発生するのであるならば、それこそ大変である。

もう一度図3-8をご覧いただきたい。この図には列島に密集する活火山と共に、過去12万年間に巨大カルデラ噴火を起こした火山が示してある。

何度も述べたように、巨大カルデラ火山は、九州と北海道に集中している。偏在する理由は、マグマの発生や上昇、それにその組成も地盤の歪み速度にコントロールされているからだ。歪み速度が小さい場所では、地殻の底で発生した流紋岩質マグマがどんどんと上昇して、巨大なマグマ溜まりを作りやすいのである。

地盤の変形は日本列島周辺でせめぎあう4つのプレートの相互作用によって引き起こされるのだから、これらのプレートの関係が変化しない限り、今後数千年というような短い期間では巨大カルデラ噴火を起こす火山の位置は、大きくは変わらないと考えてよい。

では、図3-8に示した7座の巨大カルデラ火山のうち、どれが危ないのだろうか？

現状では私たちはこの問いに答えることはできない。これらの各火山について巨大カルデラ噴火を起こしてきた周期を求めるには、あまりにも回数が少ないために、次にどこで噴火が起きるかは予想できないのだ。だから、これら7つの中のどこかで今後100年のうちに巨大カルデラ噴火が起きる確率が1％という予測になるのだ。

このような現状を踏まえて、九州と北海道の巨大カルデラ火山を比較すると、明らかに九州での噴火の方が、被害が大きくなる。火山灰が偏西風で東へ運ばれ、列島全体を覆う可能性があるからだ。

従って、次に巨大カルデラ噴火を起こす火山を特定することはできないものの、甚大な被害への対応を考える上では、九州での噴火を想定するべきだろう。

さらに、100キロメートル以上も流走して、その領域すべての生命活動を破壊する高温の火砕流の影響も考慮しなければならない。九州最大の人口密集域である福岡市や北九州市への火砕流の到達を考えると、九州中部の巨大カルデラ火山が、最も危険だと言えよう。

念のために言っておくが、九州中部での巨大カルデラ噴火を想定するといっても、決して阿蘇が一番噴火の可能性が高いというわけではない。7座の「札付き火山」はどれも同じ程度に危険なのである。

巨大カルデラ噴火が起きたら……

ではいよいよ、現代日本で、巨大カルデラ噴火が起きたらどうなるかをシミュレーションしてみることにしよう。

過去12万年間で最大規模の噴火は、約9万年前の阿蘇4噴火である。そのマグニチュードは8・4。1000立方キロメートルのマグマが噴出して、火砕流は九州北部全域を覆い尽くし、そして火山灰は日本列島全域に降り注いだ（図3−8、3−10）。

本来ならば最悪のケースを想定して、このクラスの噴火が起きた場合の被害予想をするのがいいのだが、如何せんちょっと古すぎる。この噴火に伴う火山灰層があまり地層の中に残っておらず、火山灰層の厚さ分布を、きちんと押さえることができないのだ。

そこで、やや規模は小さい（それでもM8・3！）始良丹沢噴火を用いることにする。2万9000年前に起きたこの噴火は、やや小さいといえども800立方キロメートルものマグマを噴き上げ、直径20キロの姶良カルデラを作った超ド級の巨大カルデラ噴火である。この噴火も最初にプリニー式噴火で始まり、入戸火砕流の流出とAT火山灰の飛散へと活動は推移した。

入戸火砕流は現在でも九州南部全域に分布しており、AT火山灰は本州北部でも確認されている（図3−8、図3−11Ⓐ、図5−4）。ちなみにこの火山灰は関東地方でも10センチ以上もの厚さがある。図5−4を見て解るように、この噴火が起きたときは偏西風はほぼ真東へ吹いていたようである。しかし、最悪の事態を考えるのであるならば、火山灰飛散の主軸が近

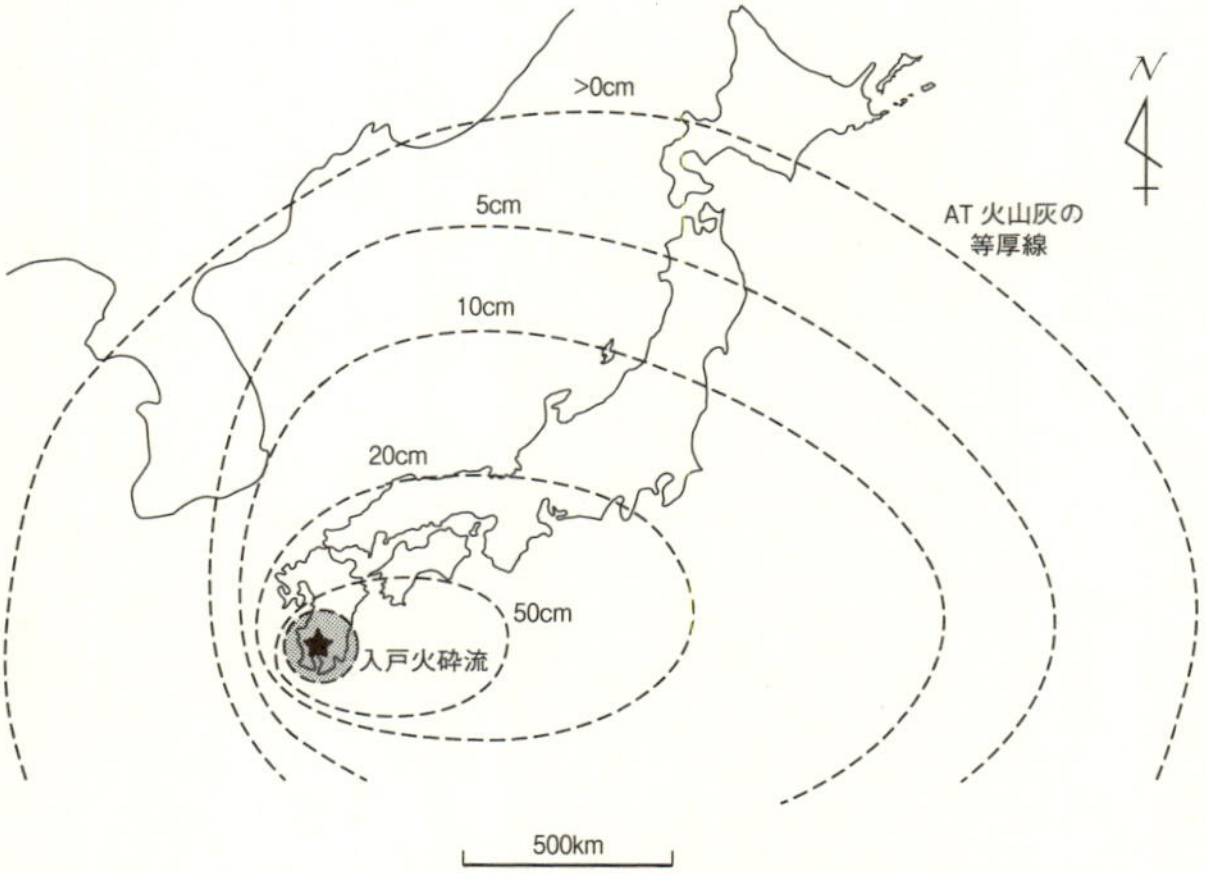

［図5-4］2万9000年前の姶良カルデラ噴火に伴う入戸火砕流および姶良一丹沢（AT）火山灰の分布

畿〜中京〜首都圏という人口密集域の方向へ伸びる場合を考えた方が良いだろう。

巨大カルデラ噴火の被害予想

以上述べた仮定に基づいて、火砕流の到達域および火山灰の降灰域を推定した結果を図5-5に示す。またこの図には、それぞれの領域内のおよその人口および、気象庁の資料に基づいた降灰の被害予想を示してある。

まず、最初のプリニー式噴火によって、九州中部では場所によっては数メートルもの軽石が降り積もって壊滅的な状況に陥る。

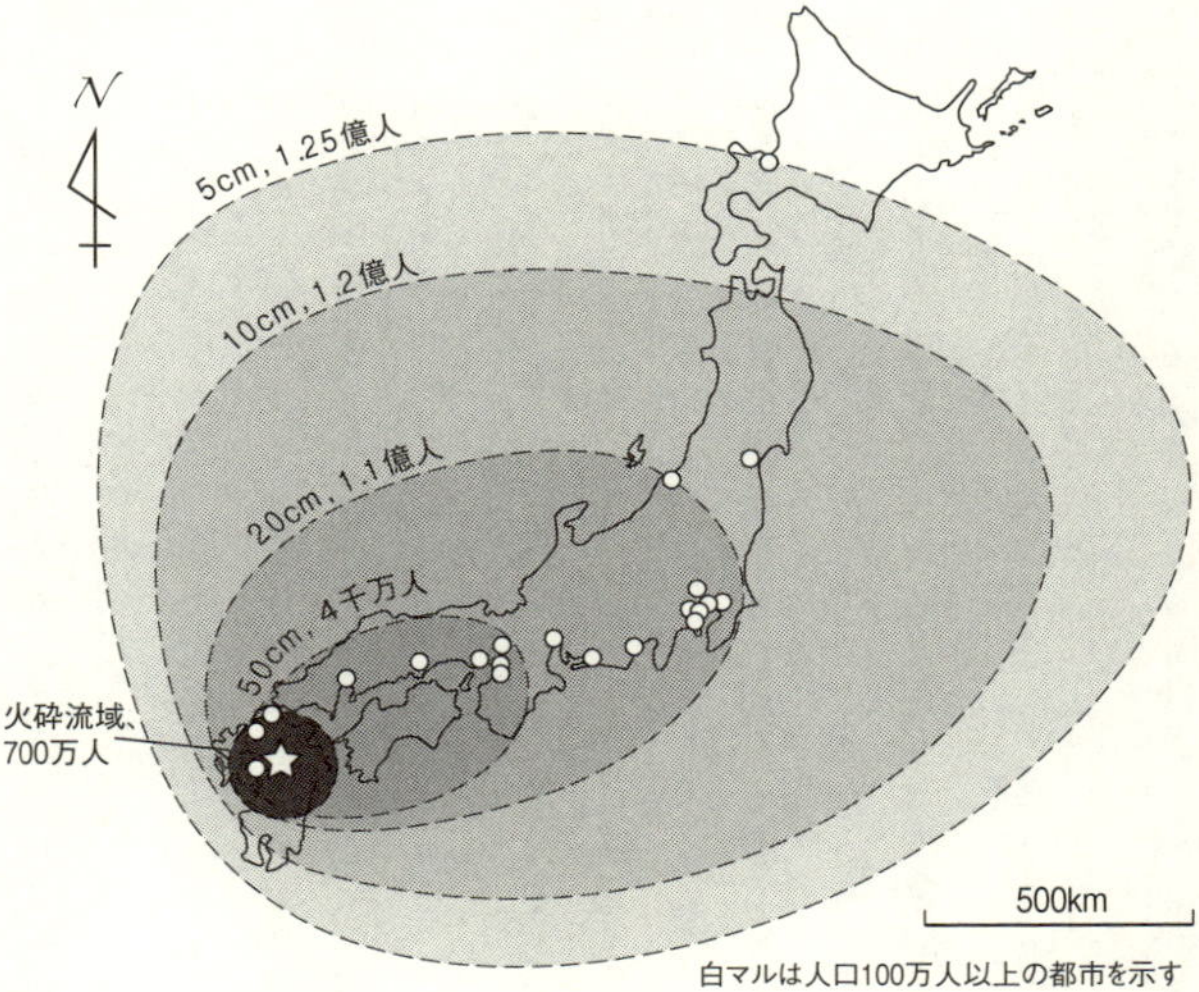

交通	道路	5cm以上で通行不能
	鉄道	10cm以上で通行不能
	航空	0.5cm以上で空港閉鎖
ライフライン	電力	1cm以上で供給不能(停電)
	水道	1cm以上で供給不能(断水)
農林	農作物	2cm以上で収穫不能、10cmで回復に数十年
	森林	1cmで50%被害、10cmで破滅的被害
生活	健康	1cm以上で呼吸器障害
	家屋	50cm(降雨時は30cm)で30%以上全壊

[図5-5] 巨大カルデラ噴火のハザードマップ

そしてクライマックス噴火が始まると、巨大な噴煙柱が崩落して火砕流が発生する。軽石と火山灰、それに火山ガスや空気が渾然一体となって流れる火砕流は、キノコ雲状に立ち上った灰神楽の中心から、全方位へと広がっていく。

数百℃以上の高温の火砕流はすべてのものを飲み込み焼き尽くしてしまう。そして発生後2時間以内に700万人の人々が暮らす領域を覆い尽くす。

出雲神話では八岐大蛇《ヤマタノオロチ》として火砕流を描いているという説もある。その目は赤く輝き、背には木が生え腹は血のように赤く、周りに血をまき散らしながら地を這い四方八方に広がってすべてのものを呑み尽くす。身の毛もよだつ描写であるが、決してオーバーな表現ではない。

九州が焼き尽くされた後、中国・四国一帯では昼なお暗い空から大粒の火山灰が降り注ぐ。そして降灰域はどんどんと東へと広がり、噴火開始の翌日には近畿地方へと達する。大阪では火山灰の厚さは50センチメートルを超え、その日が幸い雨天ではなかったとしても、木造家屋の半数近くは倒壊する。降雨時には火山灰の重量は約1・5倍にもなる。その場合は木造家屋はほぼ全壊である。

その後、首都圏でも20センチメートル、青森でも10センチメートルもの火山灰が積もり、北海道東部と沖縄を除く全国のライフラインは完全に停止する。

水道は取水口の目詰まりや沈殿池が機能しなくなることで給水不能となる。

現在日本の発電量の9割以上を占める火力発電では、燃焼時に大量の空気を必要とするが、空気取り入れ口に設置したフィルターが火山灰で目詰まりを起こすために、発電は不可能となる。これにより、1億2000万人、日本の総人口の95%が生活不能に陥ってしまう。

同時に国内のほぼすべての交通網はストップする。

5センチメートルの降灰により、スリップするため、道路は走行不能となる。従って除灰活動を行うことも極めて困難を極めるだろう。

また主にガラスからなる火山灰は、絶縁体である。この火山灰が線路に5ミリメートル積もるだけで、電気は流れなくなり、電車はモーターを動かすことができなくなるし、信号も作動しなくなるのだ。

さらに言えば、現在最も一般的なレールは15センチメートルほどの高さしかない。従って北海道以外の地域では、そもそもレールそのものが埋没してしまう。

このように、交通網が遮断されてしまうので、生活不能に陥った人たちに対する救援活動や復旧活動も、絶望的になる。

　巨大カルデラ噴火の発生による直接的な被害者は、火砕流と降灰合わせて1000万人程度であろう。しかし、救援・復旧活動が極めて困難な状況下で生活不能に陥った1億人以上の人々は一体どうなるのだろうか？

　人間は断食には比較的耐えることができるようだが、水は生命維持には必須である。最低で4〜5日間水分の補給がないと、私たちは生きることができない。救援活動が殆ど不可能な状態では最悪の事態、つまり1億人以上が命を落とすことを想定しておく必要があるだろう。

災害対策の優先順位

日本という国家、日本人という民族を壊滅状態に陥れる巨大カルデラ噴火。そのハザードについては納得していただけただろうか？

　これまでに、何度も講演会やテレビ番組などでこの話をしてきた。しかし大方の反応は、被害の甚大さは理解できるが、発生確率が100年でたった1%に過ぎないのか、というものだった。

これまで幾度となく、霞が関のお役人にもこの危険性を訴えて対策をお願いしたが、担当は変わっても答えは判を押したように同じものだった。

「先生のおっしゃることはよく理解しております。しかしながら関連予算に限度がある以上、低頻度で100年以内に起こる確率が低い災害に税金を投入するわけには参りません。もっと身近に起こる災害や事故、例えば豪雨災害や交通事故、それに巨大地震などの対策を優先せざるを得ません。その点をご理解いただきたいと存じます」

慇懃無礼とまでは言わないが、強い意志を感じる言葉である。

近年毎年のように繰り返し、地球温暖化との因果関係も指摘されている豪雨災害。

2015年9月9日、愛知県知多半島に上陸した台風18号は、2日ほど前から湿った空気をドッと秋雨前線に向かって持ち込んだ。その結果中国地方から東北地方の広い地域で大雨に見舞われた。台風は日本海へ抜けて温帯低気圧になったが、さらに南から湿った空気が流れ込み、北関東から東北で記録的な大雨となった。そして10日には鬼怒川が氾濫し広い範囲が水没した。

この関東・東北豪雨は、8名の死者、床上浸水7000棟以上という激甚災害となった。

2014年8月の広島市の土砂災害（死亡者75名）、2013年の伊豆大島豪雨災害（伊豆大島の死者・行方不明者数43名）など、繰り返される豪雨災害の惨劇を見ると「国土強靭化」は喫緊の課題であると認識する。

同様に、一日に約12人、なんと2時間に1人の割合で死亡者が出ている交通事故。意地悪としか思えないような取り締まりはご勘弁願いたいが、やはり事故防止対策は重要な課題である。最近俄然注目を集めている車の自動制御や現実味を帯びてきた自動運転システムの導入も、死亡事故減少に大きく貢献することだろう。

もう一つお役人さんが緊急な対策が必要な事例として挙げた巨大地震。これには、先の2つの例とは決定的に違う点がある。豪雨水害や交通死亡事故は毎年または毎日のように起こるのに対して、巨大地震はこれらに比べるとはるかに稀な現象である。

一方でその被害は桁外れに甚大であり、そのため「低頻度大規模災害」の代表として挙げられる。この類いの災害に対する対応の必要性が認識されたのは、あの3・11がきっかけである。

地震学者にとっても「想定外」であった1000年に一度と言われる低頻度の地殻変動が、最大遡上高40メートル超もの津波を起こし、1万8000人を超える死者・行方不明者を出した。さらにはあのフクシマの惨劇を生んだ。

確かに貴重な税金を投入して国民が安全に安心して暮らせるような対策を講じるのであるから、優先順位をつけた上で慎重かつ迅速に実行すべきである。

しかしその際に大切なことは、何をもって順位付けを行うかである。

ある災害や事故が起きて、その影響が甚大であったので慌てて同様のリスクに対して検討するのでは、あまりにも場当たり的だ。またこのような対応では、余計な力学が働いて本当はそれほど重要度が高くないにもかかわらず、巨額の税金が使われることもあるに違いない。

実際3・11の復興事業でも、よからぬ思惑で不適切な事業が実施された。しかしこれではあまりにも不条理である。つまり、優先順位付けは合理的な判断基準に基づいて検討されるべきだ。

期待値ならぬ「危険値」

ではその判断基準として何を用いればよいのであろうか？

この問題を身近な例で解説するならば、手っ取り早くお金をゲットするにはどのギャンブルがよいのか？　という問題に置き換えることができる。もちろんあくまでも喩え話であって、災害対策をギャンブルだと言っているわけではない。

このような場合には確率論では「期待値」を比較する。宝くじの場合は賞金とそれが当選する確率を乗じたものが期待値である。

「宝くじの期待値？　そんなもの1等賞金額に決まっているじゃない！」と反論する方も多いかもしれないが、この「期待値」は夢であり、確率論ではない。

ある年の1等賞金3億円のグリーンジャンボ宝くじについてこの期待値を計算してみると、１４５円になる。一枚３００円のくじを買っても、確率論的にはこれくらいしか戻ってこないのだ。還元率で言うと、50％程度である。所持金が半分程度になることを覚悟した上で夢を買うというのが、宝くじの本質であろうか。

ちなみに他のギャンブルの還元率を調べると、競馬・競輪・競艇・オートレースは70〜80％、パチンコが85〜90％、そして日本では未だに公認されていないカジノは95％程度となる。

もちろん、有益な経験や情報が還元率を高める場合もあろうが、これらの値は私の個人的な経験ともおよそ一致している。これまで数回ラスベガスへ立ち寄ったことがあるが、私の場合の還元率は１００％をわずかに超えている。もっとも、往復の旅費などの経費を

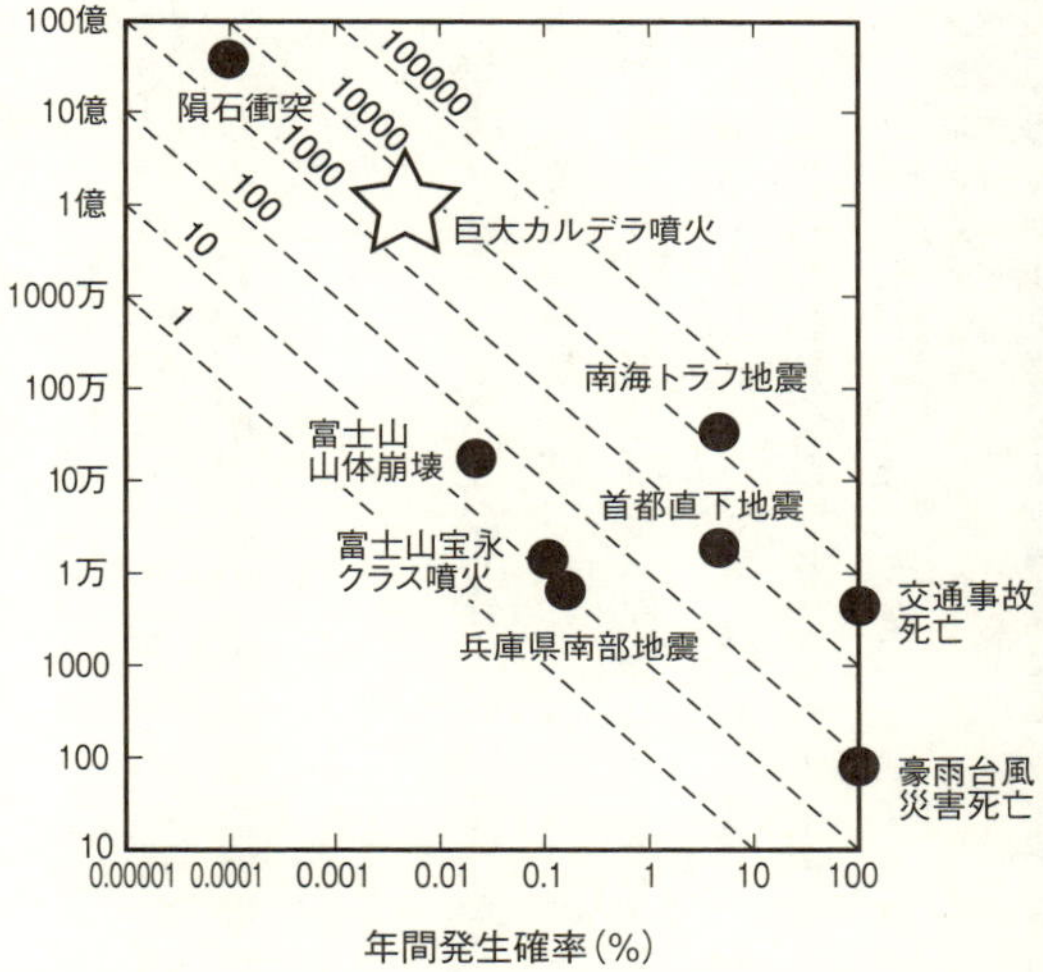

[図5-6] 災害や事故に対する危険値。図中の数字が危険値を、破線が等危険値線を示す。

カバーするほどではない。

災害対策の必要度を示す定量的な指標としても、この期待値を用いることが合理的なやり方の一つである。つまり、ある災害や事故による死亡者数にその発生確率を掛け合わせると、ある災害に対する平均的な死亡者数を求めることができるのだ。

しかし、災害や事故の場合は期待値という用語は極めて不適切であるので、ここでは「危険値」と呼ぶことにしよう。

図5-6に、年間発生確率を用いた事故や災害の危険値を示す。

縦軸の死者数は、交通事故と豪雨・台風災害については最近数年間の平均的な数、兵庫県南部地震（阪神・淡路大震災）は実数を、その他の災害については推定値である。

これらの値に年間発生確率を乗じたものが危険値（単位は「人」）になるわけであるが、図では等しい危険値レベルを破線で示してある。破線の横に示した数字が危険値だ。

もちろん発生確率や推定死亡者数には幅があるが、図では対数プロットをしていることもあり、ここに示された危険値を目安として対策の重要性を検討することができる。

今後予想される巨大災害の危険値比較

「強くてしなやかな国づくり」を謳った国土強靭化基本法が平成25年に施行され、災害の影響の大きさと緊急度という観点から様々な防災・減災対策が講じられている。その重点項目の一つが豪雨・土砂災害対策であり、平成27年度は2兆円規模の予算が投じられた。この災害の危険値はおよそ100人である。テレビの映像で映し出される土砂崩れの現場、そしてそれに飲み込まれた集落。この災害で年間100人もの人々が犠牲になるのだから、対策は急務である。

豪雨・土砂災害とほぼ同レベルの危険値を有するのが、富士山の山体崩壊だ。

第2章で述べたように、この山体崩壊は噴火のみならず、直下型地震も引き金となる。そしてこれまで富士山では、5000年に一度の割合で山体崩壊が起こってきた。今これが起きると、最悪で40万人の被災者が出ると言われている（図2-9）。

ここでは被災者の半数が死亡した場合の危険値を示してある。現状では山体崩壊への対策は殆ど講じられていないが、危険値の比較からも相当額の予算が投入されてしかるべきだ。

富士山の噴火は日本国民の最大関心事の一つであり、宝永クラスの噴火は確かに切迫している。これまで富士山ではおよそ1000年に一度の割合でこのような大噴火が起こってきた。そして、富士山ハザードマップ検討委員会の試算では、主に噴石などの影響で最大1万4000人近い死傷者が出るという。

最悪のケースとしてこの数字を死亡者数と見立てると、危険値は約14人となる。富士山宝永クラスの噴火に備えることはもちろん必要だが、遥かに高い危険値を示す山体崩壊についての対策はさらに重要であることが判る。

富士山絡みの災害よりもずっと危険値が高いのが、首都直下地震である（図5-6）。

太平洋プレートとフィリピン海プレートという2つのプレートが沈み込み、それによって強烈な歪みが生じている首都圏では、M7以上の直下型地震が4％程度の年間発生確率で起こるとされている。この地震による被害に関しては、2013年に中央防災会議がその被害想定を見直した。それによると、最悪で死者2万3000人、経済被害が95兆3000億円に上る。その内訳を見ると地震後の火災被害が特に大きく、最大61万棟が全壊・焼失すると警告する。これらの推定に基づけば、首都直下地震の危険値は1000人近い値となる。

一方で中央防災会議は、耐震化や火災対策を徹底すれば死者は10分の1以下、経済被害は半減できるとも提言した。この提言に従って、現在、様々な対策が実施されようとしている。しかしこのような対策が地震発生前に完全な形で行われたとしても、その危険度は100人程度までにしか下がらない。このような危機的な場所に、日本人の3分の1近い人が生活し、政治経済機能が集中していることは明らかにおかしい。

以前の東京都知事は「東京には文化の蓄積がある」と首都機能移転に反対したが、蓄積しているのは地盤の歪みであることをもっと強烈に認識すべきであろう。

「南海トラフ地震」は首都直下地震よりも断然危険値が高い（図5-6）。その値は交通事故死亡の危険値を超える。

この海溝型巨大地震は、フィリピン海プレートという地球上で最も若い（約1500万年歳）プレートが、低角で西南日本の下へ潜り込むことで南海トラフ周辺に大きな歪みが蓄積され、それが一瞬にして解放される現象である。最大で600キロメートルを超える領域が跳ね上がり、M9・1の超巨大地震が発生するのだ。

これによって関東から九州を震度6以上の揺れが襲い、太平洋沿岸域には最大で高さ32メートル、広い範囲に10メートル以上の津波が押し寄せる。その被害は断水、停電、交通マヒなど多岐に及ぶ。推定死亡者数は、なんと32万人を超える。

さらに経済被害は220兆円、この途方もない額は現在のわが国の国家予算の2年分を遥かに上回る。想像を絶する死亡者推定数と緊迫感のある年間発生確率（約4％）から求まる危険値は1万人を超え、現在想定される日本の災害の中では最も高い危険値を示す巨大災害である。この高い危険性、その甚大なる影響を認識して関連対策費は年々増加し、平成27年度には4300億円の予算で250以上の事業が実施されている。

隕石衝突と巨大カルデラ噴火の危険値はいくつ？

ところで、地球の生命体にとって最大の災害と言えば隕石衝突であろう。

今から約6500万年前、直径10〜15キロメートルの隕石が秒速20キロメートルの速度で現在のメキシコ・ユカタン半島に衝突し、直径150キロメートルを超えるクレーターを作った。周辺ではM11の地震が発生し、高さ300メートルの津波が発生したと言われている。

衝突で巻き上がった土や塵、それにPM2・5のようなエアロゾルが地球を覆って太陽光を遮り寒冷化が進み、そのために恐竜等の大型爬虫類が絶滅に至ったという。最近では、衝突で発生した硫酸ガスが酸性雨として降り注いで、浅瀬に暮らすプランクトンを死滅させ、それが食物連鎖を破壊して最終的に恐竜を滅ぼしたとする説もある。

過去の事例に基づけば、このクラスには及ばなくとも100万年に一度程度は大型隕石の衝突が起こると予想され、それによって地球人口は半減するとも言われている。従って、その危険値も極めて高い（図5-6）。

このような事態になればそれはそれで諦めるしかない、と多くの方は思ってしまうかもしれないが、一方で本気でこの危機を回避することを考える人たちもいるのだ。

1998年だからもうだいぶ前のことであるが、『アルマゲドン』という映画を覚えておられるだろうか？　小惑星衝突まであと18日。ブルース・ウィリス扮する石油掘削会社社長のひきいるチームがその小惑星に乗り込み、深い穴を掘って核爆弾で小惑星を爆破するというストーリーだ。この映画で小惑星（隕石）を観測していたのがNASA（米国航空宇宙局）である。

実際にNASAでは小惑星や彗星を観測し、地球への衝突などに備えている。なんと米国では、2020年までに地球の軌道近くを通過する140メートル以上の大きさの天体の9割以上を検出できる体制を整備することが、2005年の法律で義務づけられているという。一時は毎年1億円の予算が計上されていたらしい。

また最近では小惑星の岩石を月軌道に乗せてサンプルを採取する「小惑星再配置ミッション」を実施するという1000億円を超える巨費を投じる計画が発表された。

さて、それでは巨大カルデラ噴火の危険値はどれくらいなのだろうか？　M7クラスの巨大噴火についての被害予想が現状では困難なので、その危険値を正確に推定することは難しい。

しかし、先に述べたM8クラスの噴火の場合、つまり最悪の被害（死亡者数1億2000万人）と発生確率（年間0・003％）を参照にすると、危険値は3000人強である。従ってM7以上を想定すると、およそ数千人程度であろう（図5-6）。

これは首都直下地震の危険値より一桁大きく、交通事故死や南海トラフ巨大地震に匹敵する値である。つまり「もっと身近に起こる災害や事故、例えば豪雨災害や交通事故、それに巨大地震などの対策を優先せざるを得ません」というお役人さんの理解は、間違っていると言わざるを得ない。豪雨災害や首都直下地震にもまして、巨大カルデラ噴火への対策は講じるべきなのである。

日本人という民族の存続を望むのであるならば、巨大カルデラ噴火が日本消失を招くかもしれないということをしかと覚悟して、できるかぎり被害を小さくする方策をしっかりと考えないといけないのだ。

巨大カルデラ噴火の予測を目指して

日本列島で暮らす私たちにとって、巨大カルデラ噴火がいかに切羽詰まった課題であるかは、お解りいただけたと思う。

しかし悲しいかな、防災の専門家ではない私には、この未曽有の大災害に立ち向かう方策を具体的に挙げることはできない。あまりにも被害が広範囲に及ぶことが、その理由の一つである。

小説の世界では、たびたびこのような事態が題材にされ他国への避難や移住などが話題になっているが、現実的にどう対応すればよいのかはその筋の専門家ではない私にはよく解らない。本州全域でライフラインが停止して、1億人以上の人々の命が失われようとしている時に、私たち日本人は一体何ができるのか？　またはこのような状況に陥らないためにに何をすべきなのか？　これから世界一の火山国に暮らす日本人が総力をあげて知恵を絞っていくしかない。

今この本を読んでいるあなた！　あなたにこそ、巨大カルデラ噴火の危険性を十分に認識して、その上でこの超巨大災害への対応を考えていただきたい。

ひるがえって、地球の営みを見続けてきたマグマ学者としては、たんなる確率的予測ではなく、前兆現象に基づく噴火予測をなんとしても実現したい。

日本列島には110の活火山があるが、気象庁はそのうち50の火山を常時観測している。その中で、浅間山、阿蘇山、雲仙普賢岳、桜島などでは主に大学の観測所が様々な観測を行い、日夜火山活動をモニタリングしている。

先にも述べたように、火山活動は地震と違って前兆現象を捉えることができる。マグマや地盤の変動が、様々な観測によって検出可能だからだ（図2-8）。これらが「直前予測」

に繋がる。

ただし、火山は極めて個性が強いことを忘れてはならない。噴火に至るプロセスや噴火の前兆現象に、一般則は存在しないのだ。

第2章でも触れたように、2000年の有珠山噴火において直前予測が成功したのは、この火山の個性を知り尽くしたホームドクターが観測所に常駐していたからである。

現在ではどんどんと無人化が進んでいる常時観測火山では、有珠山のように直前予測ができるとは考えない方が良い。

しかし、わが国は世界一の火山国であるのだから、少なくとも50の常時観測火山にはホームドクターや看護師さんが常駐する診療所（観測所）を置くべきであろう。そしてこのようにして蓄積された技術と経験を、他の火山国へ供与することこそ、科学技術立国かつ火山大国である日本が世界をリードするということだ。

しかし実は、このような観測所を設置して観測体制を整備したとしても、巨大カルデラ噴火の前兆現象を捉えることは、現実的に難しい。

その最大の理由は、山体噴火と巨大カルデラ噴火とでは、噴火に直接関係するマグマ溜まりの深さが違うからだ（図5-7）。

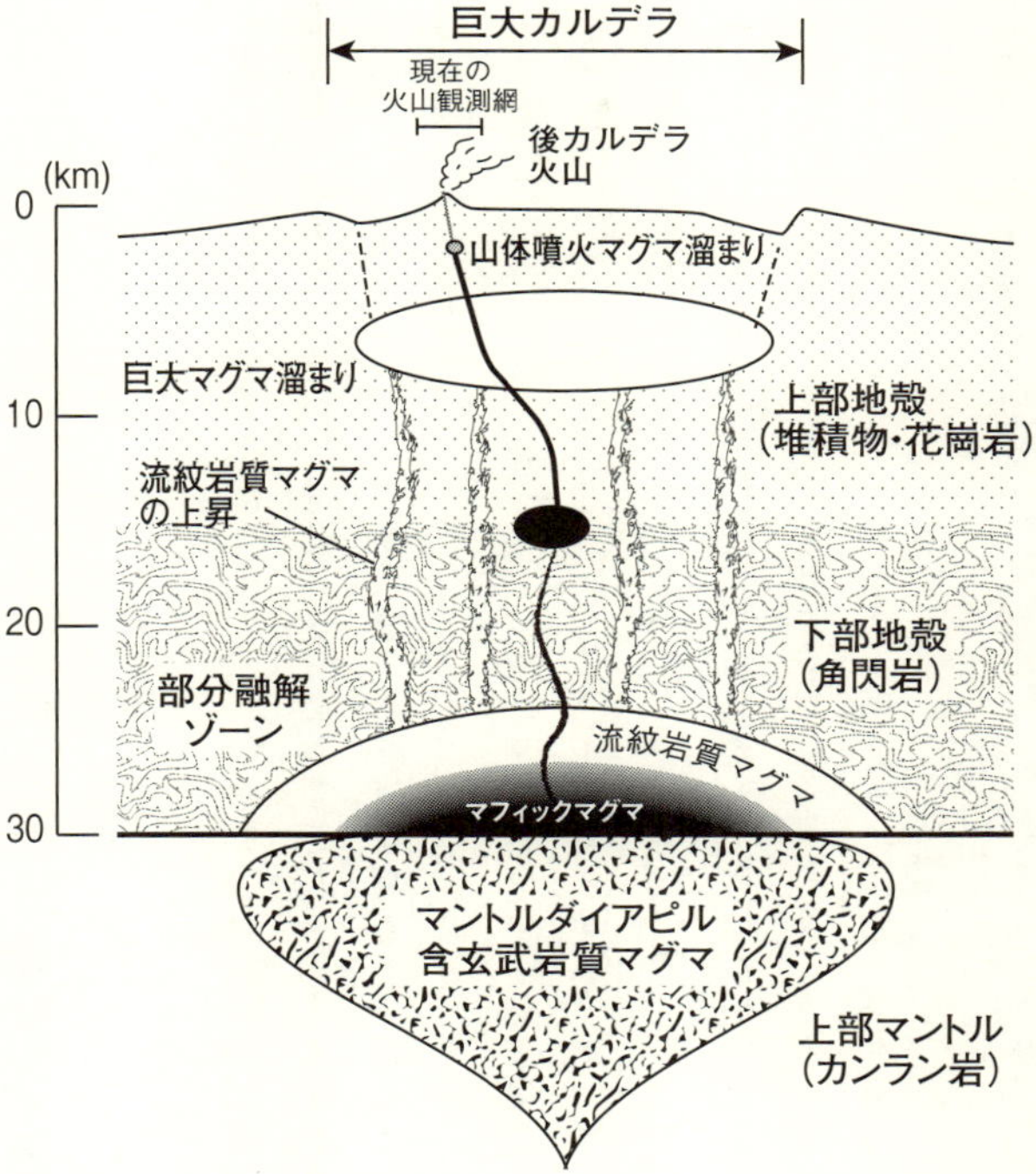

［図5-7］巨大カルデラ火山の地下構造の想像図

日本列島で最も充実した観測が行われている桜島を例にとると、そのマグマ溜まりの深さは約2キロメートルである。ここにマグマが充填されて膨らむことで起こる地殻変動や地震活動などをモニタリングしている。

京都大学防災研究所に所属する桜島火山観測所では、桜島島内の10地点以上に各種の地震計や傾斜計それにGPSなどの観測装置を設置し、これらのデータをリアルタイムで観測所に集める観測網を整備して、マグマ溜まりの様子を見守っている。しかしこの観測網は、桜島周辺に限られている。

巨大カルデラ噴火の場合には、おそらく数キロメートルを超える深さに巨大マグマ溜まりが存在すると思われる（図5-7）。おそらくという曖昧な言い方をしたのは、いまだかつて巨大マグマ溜まりを鮮明に捉えた例がないからである。実際、桜島では過去の巨大カルデラ噴火を起こしたマグマ溜まりの痕跡すら見つかってはいない。

先日、『サイエンス』誌にある論文が発表された。米国で巨大カルデラ噴火の危険性が高まっているといわれているイエローストーンの地下に巨大なマグマ溜まりが存在しているという内容だった。

確かに地震波の伝わり方から見ると、大量のマグマが溜まっているのは間違いないようだ。しかしこの場合でも、マグマ溜まりの形や位置はぼんやりとしか見えない。

巨大カルデラ噴火では、膨大な量の流紋岩質マグマが地下に存在している。従ってこの噴火に先立ち、いろんな前兆現象が起きる可能性がある。

マグマ溜まりが大きな浮力を持つのであるから、地表でも隆起が起こるかもしれない。また、大噴火の前に流紋岩質マグマが溶岩流として流れ出すかもしれない。しかし現状では、どのような前兆現象がどれほど前から起こるのかは解らないのである。なぜならば、人類にはまだ巨大カルデラ噴火を観測した経験がないのだ。

こんな時は、地質学者に頑張ってもらうのが一番だ。詳細な野外調査に基づいて、前兆現象の種類や時期を教えてくれるに違いない。

しかしこの点でも、わが国の現状は結構悲惨である。地質学の調査にはとにかく時間がかかる。解りやすい言い方をすると、一つの火山の形成史を地質学的に明らかにするには、一人の地質学者が、一生をかけるくらいの時間が必要なのだ。

当然論文の数もそれほど稼げない。現在の日本の大学は、そのような学者を抱えるつもりがないのだ。私の知る限りでは、ある程度信頼のおける火山地質学者は、全国を見渡しても10人程度しかいない。これが火山大国日本の現状なのだ。お粗末としか言いようがない。

ともあれ、巨大マグマ溜まりを捉えなければ予測などできるわけがない。病気に喩えると、顔色や外見だけで判断するのではなく、まずCTスキャンで病巣を見つけてその様子を観察しないといけない。つまり、巨大マグマ溜まりの形状をきっちりと把握して、それが時間とともにどう変化しているのか、またその変化に伴ってマグマ溜まりの周辺や地表で起きる異変を観察することが必要である。

ただ、地下数キロメートル以上の深さにあるマグマ溜まりの状態を観察し、地殻の底、深さにすると約30キロメートル付近から、このマグマ溜まりへ繋がるマグマの供給系を監視することは相当に大変なことである。

イエローストーンのように、自然に発生する地震を使って地下の構造を推定することは可能ではあるが、見たい領域を通過してくる地震波はそれほど数多くはない。そんな時にはやはり、人工地震を使って構造探査を行う必要がある。

さらに、深さ数キロメートルから30キロメートルくらいの領域をイメージングしようとすると、人工地震の震源や観測点は１００キロメートル以上にわたって配置しないといけない。こんなことを、例えば60万人の人口がある鹿児島市周辺で行うことは事実上不可能である。

そこで私たちが狙いを定めたのは、鬼界海底カルデラである。ここならば、漁師さんたちの迷惑にならない時期であれば、観測船で人工地震を起こしながら、広範囲で地震波を受信することが可能である。

神戸大学と海洋研究開発機構は、それぞれが保有する「深江丸」と「かいめい」を使って、鬼界カルデラ周辺で人工地震を用いた海域観測を2016年から始める予定だ。

もちろんこの観測では、京都大学防災研究所などにお願いして、陸上でも人工地震を受信してもらうことになる。数年後には、「人類初の巨大マグマ溜まりのイメージングに成功！」といきたいものである。そしてここで得られた結果をもとにして、陸域の巨大カルデラ火山のモニタリング手法も開発したいと考えている。

まとめ

日本列島では、巨大カルデラ噴火は今後100年間に1％の確率で発生する。この噴火の発生確率は確かに低いが、いつか必ず起こる。実際過去12万年間に10回の巨大カルデラ噴火が日本列島を襲ってきた。そして非常に恐ろしいことに、この低頻度災害はひとたび起こると、極めて甚大な被害をもたらす。最悪1億人以上の命が失われる。

災害や事故などへの対策では、それぞれの事象の発生確率と被災者（死亡者）数を掛け合わせた「危険値」を考慮に入れるべきだ。巨大カルデラ噴火は、南海トラフ巨大地震や交通死亡事故に匹敵する危険値を持つ災害なのである。たとえ低頻度であっても、日本消失を招く可能性のある災害への対策は強《したた》かに講じるべきであろう。

現在わが国で行われている火山観測の手法や体制では、巨大カルデラ噴火を事前に捉えることはできない。この噴火を引き起こす直径10キロメートルを超えるマグマ溜まりは、地下数キロメートル以上の深さに存在することが予想される。今の体制ではこの深さにあるマグマ溜まりの形やその変化を正確に求めることはできない。

巨大カルデラ火山では、どのように地殻の底からマグマが上昇してきてマグマ溜まりを成長させるのか？　これを診断するには、100キロメートルを超える範囲で人工地震を使って稠密な観測を行う必要がある。しかしこのような大実験をいきなり陸域のカルデラで行うことは不可能である。

まずは海域にある巨大カルデラである鬼界カルデラで、観測船と海底に高密度で配置した地震計などの計器を組み合わせた実験を行うことが適切だ。そしてその結果得られたマグマ溜まりの位置や特性を参考にして、焦点を絞って陸上で観測を行うのがよい。

このような観測は世界で初めての挑戦である。しかしこのような新しい観測手法を駆使して、これまでまだどこの火山でも成功していないマグマ溜まりの高解像度イメージングを行うことは、火山大国日本、技術立国日本、さらに海洋立国日本の責務である。

あとがき

巨大カルデラ噴火は確実に日本消失を招く。世界一の火山大国に暮らす日本人にとって最大の試練である。

一方で私たちは、火山から数えきれないほどの恩恵を享受してきた。温泉は最も解りやすい例だろうし、明治日本の近代化を支えた銅などを高濃度で含む「黒鉱鉱床」も海底火山からの恵みである。既に陸上ではこの鉱床は掘り尽くされているが、まだ列島の周囲の海底には膨大な資源が眠っているのだ。

もっと言えば、世界に誇る和食ですら火山の恩恵だ。列島の地下で発生したマグマの一部は地表へ達して火山となるが、それより遥かに多量のマグマが地下で冷え固まっている。そのために列島の地盤は厚くなり隆起する。英国と違って日本が島国かつ山国であるのはマグマのせいなのだ。そんな山国に降った雨水は急流となる。明治時代に来日した西洋の地理学者は、日本の河川を見て「滝だ！」と言ったそうである。こんなにも急流では、地盤に含まれるミネラル分を溶かし込む暇もない。その結果列島の水は軟水となり、昆布や鰹節から旨味成分を見事に溶かし出すことができるというわけだ。この辺りの食と自然の素敵な関係については、『和食はなぜ美味しい――日本列島の贈りもの』（岩波書店）を読んでいただこう。

火山からこんなにも恩恵を受けているのだから、その試練から目を背けているだけでは狡《ずる》いというものだ。

最近になってようやく国も、巨大カルデラ噴火の危険性、その対策の緊急性について検討を始めようとしている。国土強靭化への取り組みの一つとして火山防災を取り上げたのだ。先日（2015年12月）第1回の会合が行われた。近々巨大カルデラ火山に対する観測体制の整備などを盛り込んだ提言がなされる予定である。

一方で、このような科学技術面の取り組みだけでは、とても巨大カルデラ噴火に立ち向かうことはできない。なにしろ日本という国家、日本人という民族が消滅する危険性が高いのだ。日本人とは何か？　という根源的な問いも含まれる課題である。

もちろん、被害を最小限に食い止めるための方策も考えないといけない。ただしこのような取り組みを、国や行政に任せっきりにしてはいけない。まず私たち火山大国の民一人一人が「覚悟」を持つことが大切である。そして覚悟は「諦念」ではない。私たち、そして私たちの子供や孫やさらにその先の子孫が、これまでと同じように火山からの恩恵を享受できるための術を考え抜かねばならない。

先日都内のある小学校を訪問した。6年生の「お目目キラキラ少年少女たち」に火山のことを話したのだ。そこで驚いたことがある。この小学校では「生き抜く科」という科目を作って防災・減災について考え、子供たちの実践力アップに繋げようとしているのだ。こんなことは理科や社会などの旧来の科目内ではカバーできない。

巨大カルデラ噴火についても全く同様であろう。地球科学はもちろんであるが、哲学、社会学なども含めて、火山大国に暮らす民としてやるべきことを考えねばなるまい。

ほかにもまだまだやることがある。現在は火山観測や研究を、気象庁、大学、自治体等が担っているが、これらを一元化して長期的視点で戦略的に実施することが肝心だ。

また、先に述べた子供たちへの教育を始めとして、ホームドクターを含めた研究者の育成も同時に進めなければいけない。戦後最悪の火山災害となった御嶽山噴火の直後には、日本の火山研究者は「40人学級」であり、学級崩壊も近いとの報道もなされた。

しかしマスコミも国民もいたって忘れやすい癖がある。国を預かる政府がリーダーシップをとって、例えば「火山庁」のような統括組織を創設し、火山大国として当然なすべきことを実行する体制を整えねばならない。

幻冬舎の高部真人さんには、本書の執筆を勧めていただき、また内容や文章について助けていただきました。ありがとうございます。

神戸大学の鈴木教授とつれあいの「ダブル桂チャンズ」には原稿を読んでいただき、適切なコメントをいただきました。感謝しております。

著者略歴

巽 好幸《たつみよしゆき》

一九五四年、大阪府生まれ。理学博士。専門はマグマ学。
七八年、京都大学理学部卒業。
八三年、東京大学大学院理学系研究科博士課程修了。
京都大学総合人間学部教授、同大学大学院理学研究科教授、
東京大学海洋研究所教授、独立行政法人海洋研究開発機構(JAMSTEC)
地球内部ダイナミクス領域・発展研究プログラム・プログラムディレクターを経て、
二〇一二年より、神戸大学大学院理学研究科教授。
一六年より神戸大学海洋底探査センター長。
〇三年に日本地質学会賞、一一年に 日本火山学会賞、
一二年に米国地球物理学連合(AGU)N.L.ボーエン賞を受賞。
著書に『地球の中心で何が起こっているのか』(幻冬舎新書)、
『なぜ地球だけに陸と海があるのか』『和食はなぜ美味しい——日本列島の贈りもの』
(ともに岩波書店)、『地震と噴火は必ず起こる』(新潮選書)などがある。

幻冬舎新書 419

富士山大噴火と阿蘇山大爆発

二〇一六年五月三十日 第一刷発行

著者 巽 好幸

発行人 見城 徹
編集人 志儀保博
発行所 株式会社 幻冬舎
〒一五一-〇〇五一 東京都渋谷区千駄ヶ谷四-九-七
電話 〇三-五四一一-六二一一（編集）
〇三-五四一一-六二二二（営業）
振替 〇〇一二〇-八-七六七六四三
ブックデザイン 鈴木成一デザイン室
印刷・製本所 中央精版印刷株式会社

Printed in Japan ISBN978-4-344-98420-2 C0295
た-9-2
幻冬舎ホームページアドレス http://www.gentosha.co.jp/
＊この本に関するご意見・ご感想をメールでお寄せいただく場合は、comment@gentosha.co.jp まで。

巽好幸

地球の中心で何が起こっているのか

地殻変動のダイナミズムと謎

なぜ大地は動き、火山は噴火するのか。その根源は、6000度もの高温の地球深部と、地表の極端な温度差にあった。世界が認める地質学者が解き明かす、未知なる地球科学の最前線。

高井研

生命はなぜ生まれたのか

地球生物の起源の謎に迫る

40億年前の原始地球の深海で生まれた最初の生命は、いかにして生態系を築き、我々の「共通祖先」となりえたのか。生物学、地質学の両面からその知られざるメカニズムを解き明かす。

田中修

植物のあっぱれな生き方

生を全うする驚異のしくみ

暑さ寒さをタネの姿で何百年も耐える。光を求めてがんばり、よい花粉を求めて婚活を展開。子孫を残したら、自ら潔く散る――与えられた命を生ききるための、植物の驚くべきメカニズム!

稲垣栄洋

なぜ仏像はハスの花の上に座っているのか

仏教と植物の切っても切れない66の関係

不浄である泥の中から茎を伸ばし、清浄な花を咲かせるハスは、仏教が理想とするあり方。仏教ではさまざまな教義が植物に喩えて説かれる。仏教が理想とした植物の生きる知恵を楽しく解説。

幻冬舎新書

村山斉
宇宙は何でできているのか
素粒子物理学で解く宇宙の謎

物質を作る究極の粒子である素粒子。物質の根源を探る素粒子研究はそのまま宇宙誕生の謎解きに通じる。「すべての星と原子を足しても宇宙全体のほんの4％」など、やさしく楽しく語る素粒子宇宙論入門。

長沼毅
辺境生物はすごい！
人生で大切なことは、すべて彼らから教わった

人類にとっては極地、深海、砂漠などの辺境は過酷で特殊な場所だが、地球全体でいえばそちらのほうが圧倒的に広範で、そこに棲む生物は平和的で長寿で強い。我々の常識を覆す科学エッセイ。

おおたとしまさ
ルポ 塾歴社会
日本のエリート教育を牛耳る「鉄緑会」と「サピックス」の正体

名門中学の受験塾として圧倒的なシェアを誇る「サピックス」。そして、名門校の合格者だけが入塾を許される「鉄緑会」。この国の〝頭脳〟を育む両塾を徹底取材し、その光と闇を詳らかにする。

佐藤康光
長考力
1000手先を読む技術

一流棋士はなぜ、長時間にわたって集中力を保ち、深く思考し続けることができるのか。直感力や判断力の源となる「大局観」とは何か。異端の棋士が初めて記す、「深く読む」極意。